기초 실습

Microsoft Foundation Class & Open GL

COMPUTER GRAPHICS

MFC와 Open GL을 함께 배우는

컴퓨터 그래픽스

김재준, 이석준 공저

홍릉과학출판사

도입

OpenGL(Open Graphics Library, www.opengl.org)은 1992년 실리콘 그래픽스(SGI)의 2차원 또는 3차원 그래픽스 표준 응용 프로그래밍 인터페이스(API, Application Programming Interface)규격으로 GL(Graphics Library)이라는 라이브러리를 근간으로 생겨났으며, 그래픽과 모델링을 위해서 만들어진 함수의 집합이라 할 수 있다. 이 API는 약 250여개의 함수 호출을 이용하여 단순한 기하도형에서부터 복잡한 3차원 그래픽스 장면을 생성할 수 있다. 기본적으로 프로그래밍 언어 간, 다중 플랫폼 간의 교차 응용 프로그래밍을 지원한다.

OpenGL은 SGI의 그래픽스 워크스테이션에서 사용하기 위하여 1980년대 초반에 개발된 IRIS GL을 모태로 한다. OpenGL은 그래픽스 라이브러리의 하나로 3차원 실시간 렌더링 프로그램의 작성에 필요한 함수들을 제공함으로써, 프로그래머들이 대화식 그래픽스 응용 소프트웨어를 쉽게 제작할 수 있도록 해 주며, CAD, 가상현실, 정보가시화, 시뮬레이션 등의 다양한 분야에 활용되고 있고, 영화 특수효과나 3차원 기반 게임 등의 엔터테인먼트 미디어 제작에 큰 몫을 담당하고 있다. 현재 비영리 기술 컨소시엄인 크로노스 그룹(Khronos Group)에 의하여 관리되고 있다.

OpenGL은 C/C++ 등의 프로그래밍 언어로 작성되고, 크로스플랫폼* 으로 동작하므로 라이브러리 또한 다양하다. 우리는 Microsoft 사의 Visual Studio를 사용하여 Windows 운영체제 상의 개발환경에서 OpenGL을 이용한 그래픽스 프로그래밍 실습

* 크로스플랫폼(cross platform): 컴퓨터 시스템을 운영하는 운영체제는 Unix, Linux, OSX, Windows 등 다양한 버전이 존재하는데, 이러한 다양한 플랫폼의 운영체제 상에서 교차 응용 프로그래밍이 지원되는 경우를 일컫는다. OpenGL은 그래픽스 표준 API 규격이므로 다중 프로그램 언어나 플랫폼을 교차 지원한다.

을 수행한다. 본 교재에서는 OpenGL 프로그래밍 실습에 초점을 맞추고 있으므로, 프로그램을 잘 하지 못하더라도 실습을 진행하는 데 어려움이 없도록 차근차근 진행할 것이다.

프로그래머 리소스

(영문) OpenGL 공식 사이트
http://www.opengl.org/
(영문) Neon Helium - OpenGL 튜토리얼
http://nehe.gamedev.net/
(영문) CodeSampler.com - OpenGL 게임 프로그래밍 코드 예제 및 설명서
http://www.codesampler.com/oglsrc.htm
(국문) 김형준 GIS연구소(for Developers)
http://www.gisdeveloper.co.kr/category/프로그래밍/OpenGL

차례

Chapter 01

OpenGL 프로그래밍 시작하기

학습목표

이 장에서는 OpenGL 기반의 그래픽스 프로그래밍을 위한 기본적인 환경설정 과정을 이해하고, 본 교재에서 다루게 되는 프로그램의 기반이 되는 프로젝트를 생성한다.

본 교재에서는 기본적으로 마이크로소프트(Microsoft)의 대표적 개발도구인 Visual Studio 2010(이하 VS2010)으로 실습이 진행된다. VS2010을 활용하는 방법은 너무나 다양하지만, 본 교재에서는 MFC(Microsoft Foundation Class)*를 활용하여 OpenGL 그래픽스 프로그램의 인터페이스를 생성하고, 생성된 인터페이스 상에 OpenGL 그래픽스 프로그래밍 실습을 수행함으로써 개발도구와 그래픽스 도구 간의 상호 연관성을 이해하고, 실제 개발과정에서 주로 사용하는 형태의 개발과정을 이해하는데 초점을 둔다.

특히, 프로그램 개발에 필수적이면서 기본적인 처리 과정(멤버 함수), 멤버 데이터, 클래스 생성 등과 관련한 작업들을 MFC 응용 마법사(MFC Application Wizard)를 사용하여 자동으로 골격을 생성하고, 필요한 프로그램을 적절하게 채워 넣음으로써 다소 복잡할 수 있는 프로그래밍 과정을 빠르게 수행하면서도 전체 과정을 이해할 수 있도록 하는데 목표를 둔다.

이제 MFC Application Wizard를 이용하여 간단한 기반 프로젝트를 생성하는 방법을 배워 보도록 하자.

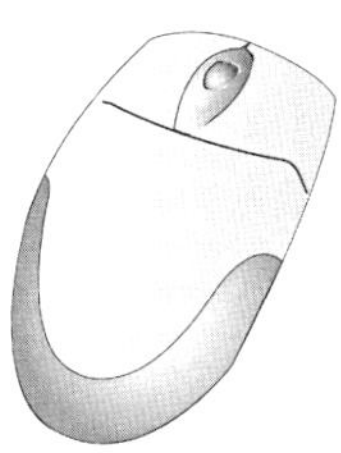

* MFC(Microsoft Foundation Class): 마이크로소프트에서 만든 윈도우즈 응용 프로그래밍 인터페이스(API, Application Programming Interface)로서, C/C++ 프로그램에서 직접 운영체제와 상호 작용할 수 있도록 만들어졌다. 파일 시스템, 장치, 프로세스, 스레드(thread), 오류처리와 같은 시스템 리소스에 대한 접근뿐만 아니라 레지스트리, 서비스, 그래픽 장치 인터페이스(GDI), 그래픽 사용자 인터페이스(GUI) 등 시스템 전반에 대한 컨트롤을 라이브러리 형태로 제공하여 개발자로 하여금 시스템 제어 프로그래밍이 가능케 한다.

1.1 기본 MFC 프로그램 작성

먼저, VS2010 응용 프로그램을 실행하여 프로젝트를 만든다. VS2010을 이용한 프로그램 작성 단계는 다음과 같다.

(1) 새로운 프로젝트 생성하기
(2) 생성된 프로젝트 살펴보기
(3) 소스 코드 작성하기
(4) 실행하기

(1) 새로운 프로젝트 생성하기

VS2010 프로그램이 실행되면 그림 1.1과 같이 Start Page에서 New Project를 선택하거나, File 〉 New 〉 Project를 선택하여 새로운 프로젝트를 생성한다.

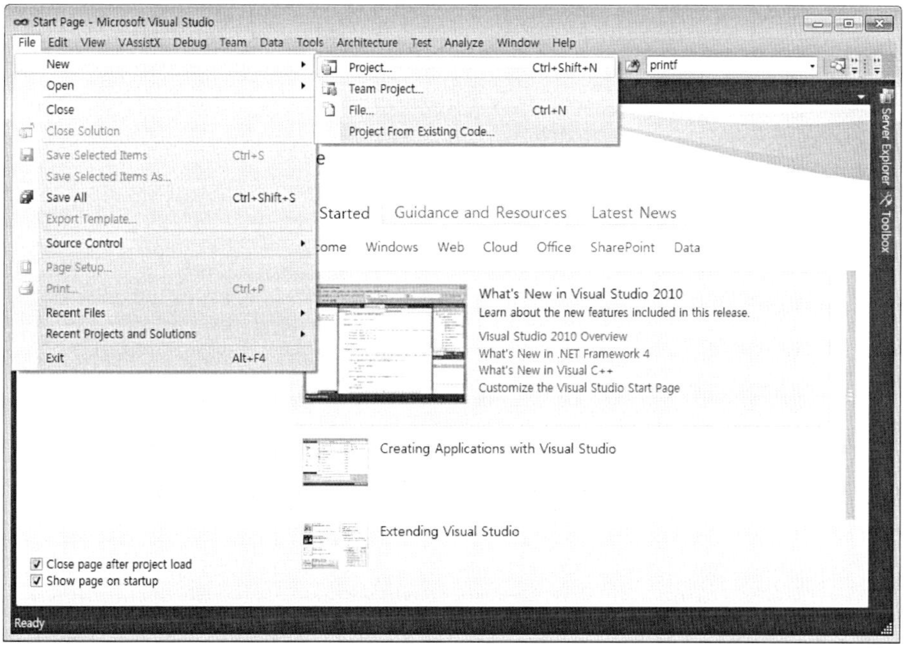

그림 1.1 새로운 프로젝트 생성

새로운 프로젝트를 생성하기 위한 첫 번째 단계는 그림 1.2와 같이 생성할 프로젝트의 타입을 설정하는 것으로 시작한다. 우리는 Installed Templates에서 Visual C++ 탭의 MFC를 선택하고, MFC Application을 선택하여 MFC 기반의 C++ 프로그래밍이 가능한 프로젝트를 생성하도록 한다.

New Project 설정 창의 아래쪽에는 생성할 프로젝트명과 경로, 솔루션 이름을 입력하도록 되어있다. 그림 1.3을 참조하여 각각의 내용을 입력하도록 하자. 이때 저장될 경로(Location)는 Browser를 통해 자유롭게 설정해도 된다.

설정이 모두 완료되면 OK 버튼을 클릭한다.

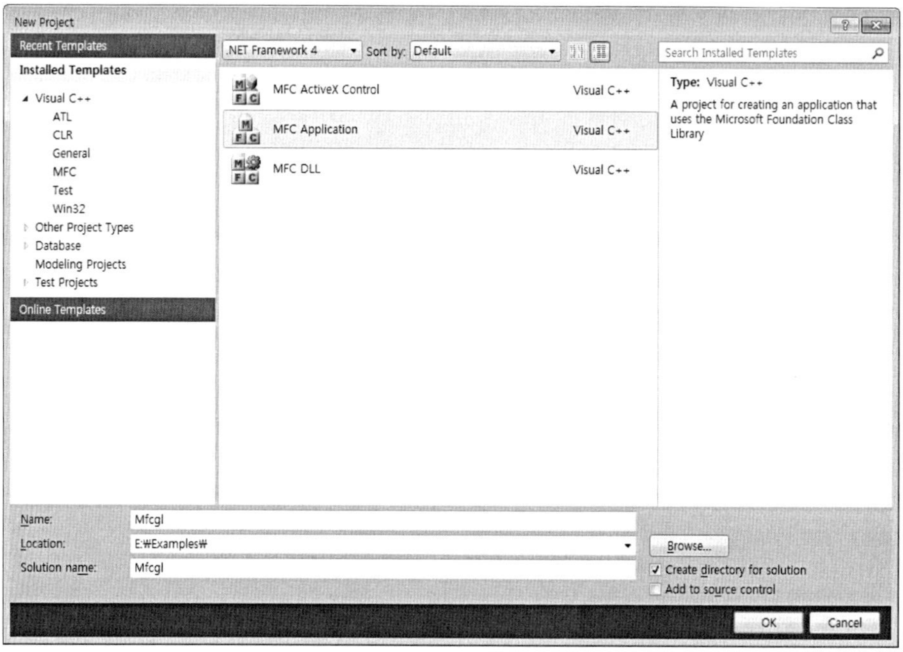

그림 1.2 새로운 프로젝트 생성을 위한 설정

다음 단계에서는 MFC Application Wizard에서 자동으로 생성하는 프로젝트 설정 정보를 나타내는 창이 나타난다. 우리는 몇 가지 필요한 설정을 위해 Next > 버튼을 눌러 다음으로 진행한다.

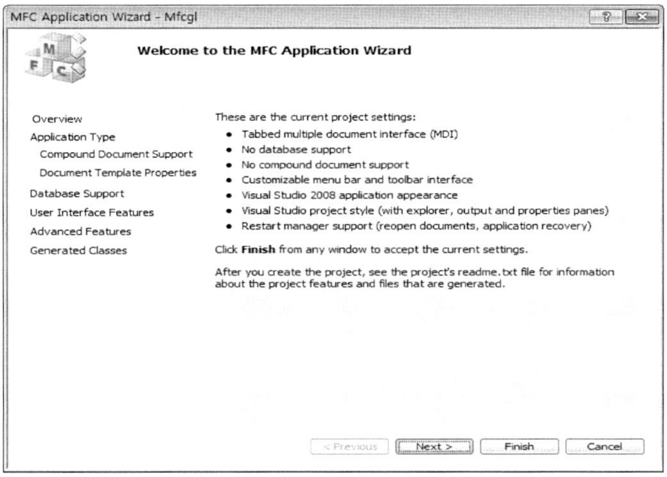

그림 1.3 생성된 프로젝트의 기본 설정 정보

다음 단계에서는 그림 1.4와 같이 생성할 응용 프로그램의 타입을 설정한다. 그림과 같이 선택해 준 후 Next>를 클릭한다.

* 각 항목의 옵션을 변경하면 대체적인 차이를 위쪽의 작은 그림으로 나타내 준다. 본 설정화면에서는 기본적으로 사용될 프로그램 창의 형태와 프로젝트 스타일, 언어설정, 색상 및 가시화 스타일을 설정한다. 특히, 기본적으로 선택된 Use Unicode libraries의 체크를 해제하도록 하자.

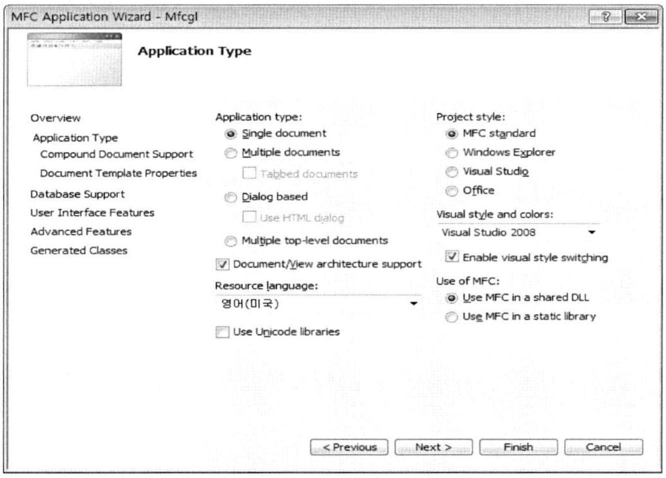

그림 1.4 응용 프로그램 타입 설정

다음 단계에서는 그림 1.5와 같이 복합문서(Compound Document)를 지원할 것인지를 묻는 창이 등장한다. 우리 프로그램에서는 지원하지 않을 것이므로 None을 선택한 후 Next를 클릭한다.

＊ 복합문서란 타종 프로그램 간의 문서 호환성을 지원하는 문서 타입을 지칭하는데, 예를 들면 윈도우 그림판에서 그린 그림을 워드패드에 넣거나, 워드패드의 문서를 그림판에 불러오거나 하는 경우를 들 수 있다.

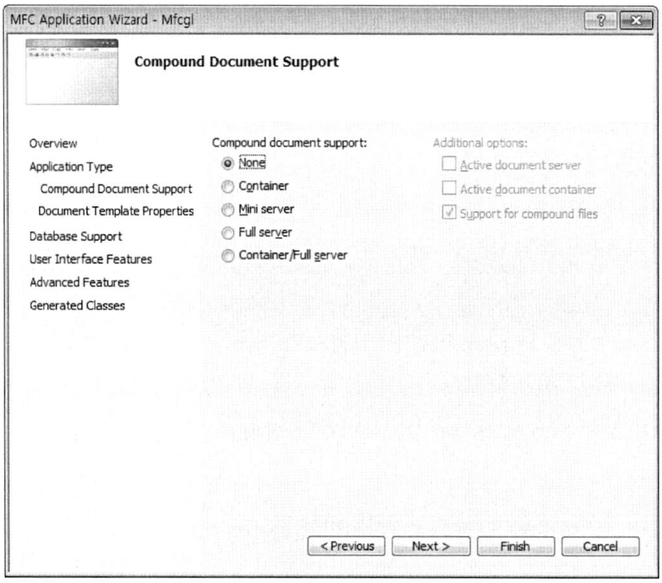

그림 1.5 복합문서 지원여부 설정

다음 단계에서는 그림 1.6처럼 문서의 속성을 설정한다. 크게 변경할 내용은 없으므로 기본설정에서 Next를 클릭하여 다음 단계로 진행한다.

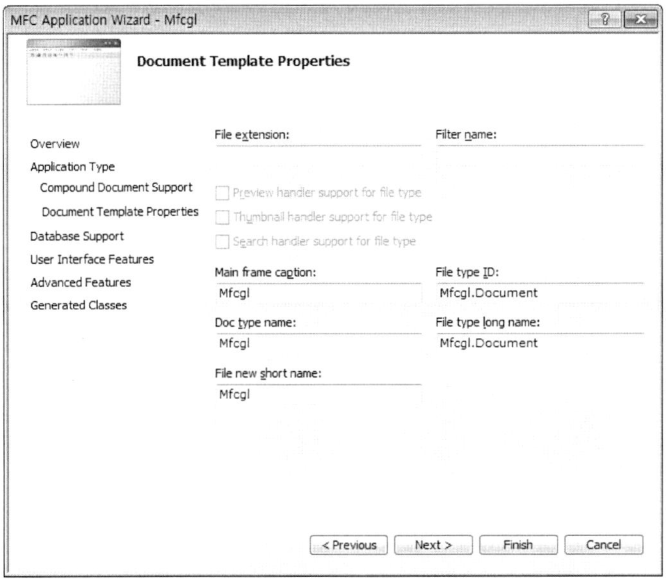

그림 1.6 문서의 속성 설정

데이터베이스는 본 교재에서 진행하는 그래픽스 실습에서는 사용하지 않을 것이므로 그림 1.7에서 None을 선택한 후, Next를 클릭한다.

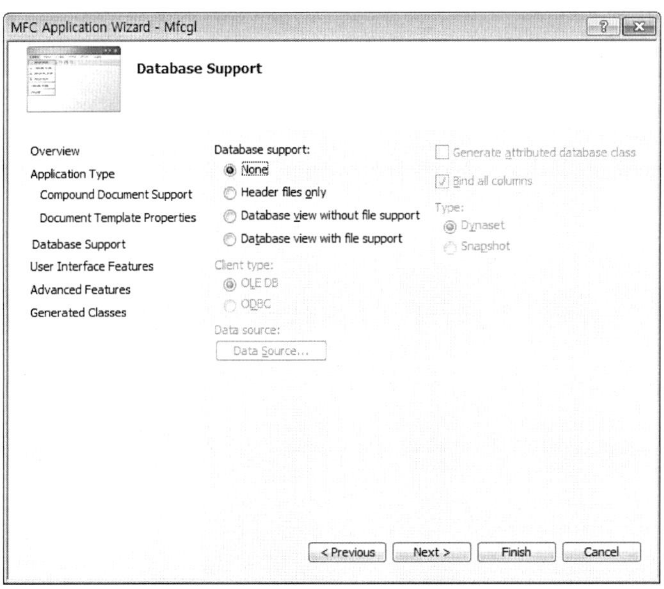

그림 1.7 데이터베이스 지원여부

다음은 사용자 인터페이스를 설정하는 단계이다. MFC 클래스에서 기본적으로 지원하는 사용자 인터페이스 중에서 본 프로젝트 생성 후에 사용할 옵션만 선택하여 사용하면 된다. 여기서는 생성될 프로그램 창에 나타날 기능버튼과 툴바를 지원할 것인지 여부를 결정하므로 그림 1.8을 참고하여 사용할 옵션을 선택하고 Next를 클릭하여 다음으로 진행하자.

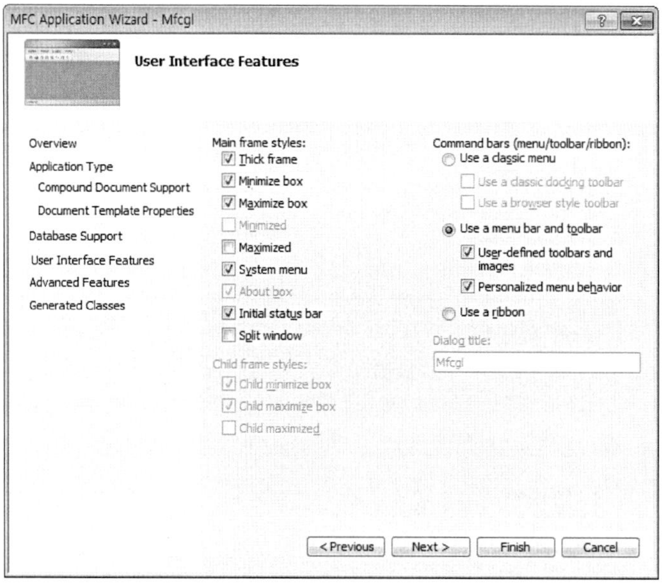

그림 1.8 사용자 인터페이스 설정

다음 단계에서는 MFC 클래스에서 지원하는 다양한 부가기능들을 사용할 것인지를 옵션 체크를 통해 설정한다. 우리는 MFC 프로그래밍이 주요 실습내용이 아니므로, 그림 1.9에서 모든 요소들을 체크해제한 후에 Next를 클릭하여 다음으로 진행한다.

마지막으로, 생성될 클래스와 해당 헤더파일의 이름을 결정하는 과정이다. 기본적인 클래스 속성 설정은 그림 10.1과 같다. 특히 Base class는 CView로 설정한 후 Finish를 클릭하여 MFC Application Wizard의 설정을 완료한다.

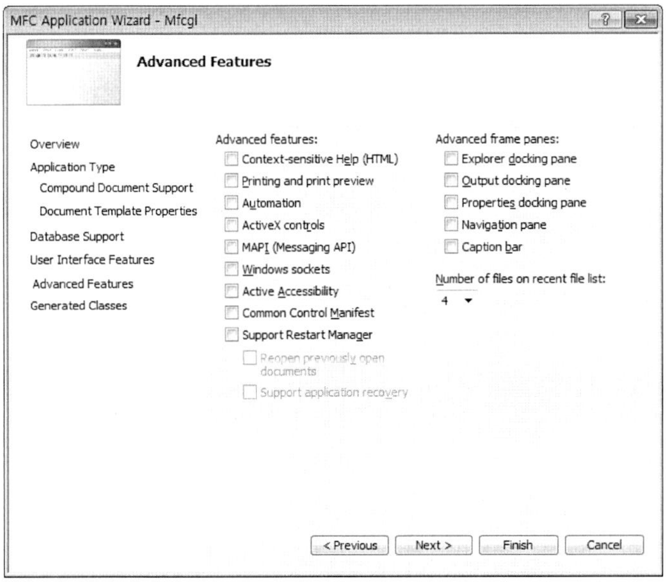

그림 1.9 부가기능 속성 설정

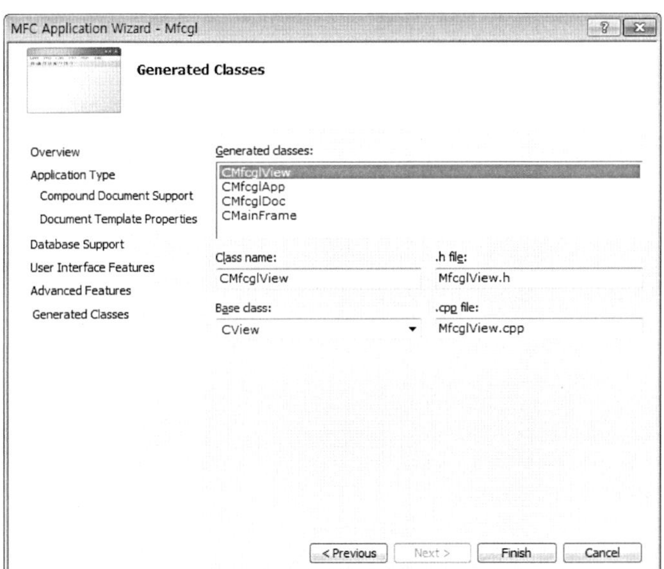

그림 1.10 클래스 속성 설정

(2) 생성된 프로젝트 살펴보기

앞 과정을 거쳐서 프로젝트를 생성하면 편집 창에 그림 1.11과 같이 이미 만들어진 클래스들이 나열된다. 그림 1.11과 같이 초기에 프로젝트 이름으로 입력한 'Mfcgl'이라는 이름으로 생성된 클래스와 솔루션을 볼 수 있다.

Class View 이외에 Resource View, Solution Explorer 탭을 차례로 클릭하여 각각이 제공하는 정보들을 살펴보자. VS2010의 MFC Application Wizard가 자동으로 생성해 준 각종 클래스와 멤버 함수들을 Class View를 통해 확인할 수 있으며, 소스 코드가 작성된 파일을 Solution Explorer를 통해 확인할 수 있다.

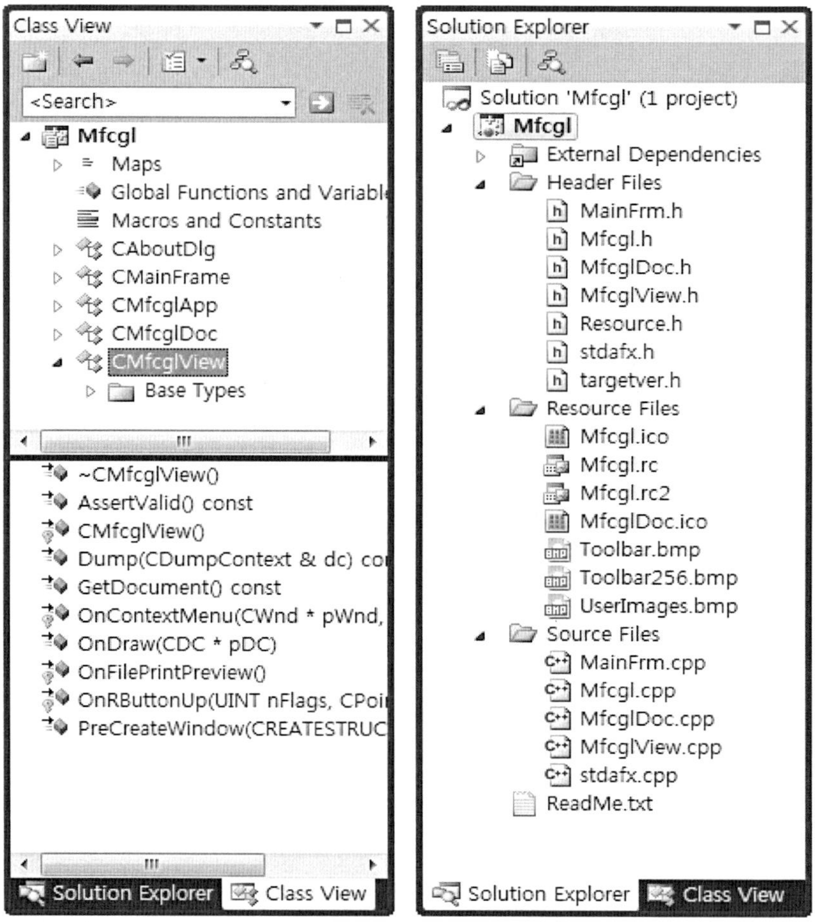

그림 1.11 MFC Application Wizard를 통해 생성된 클래스(Class View)와 솔루션 파일들(Solution Explorer)

이러한 과정으로 생성된 MFC Class API와 OpenGL 라이브러리를 사용하여 그래픽스 프로그래밍 실습을 진행하도록 한다.

(3) 소스 코드 작성하기

실행 윈도우에 간단한 텍스트를 출력하도록 소스 코드를 작성해 본다. 이를 위해서 View 클래스의 `OnDraw()` 함수로 이동한다. 그림 1.12와 같이 Class View탭에서 `CMfcglView` 클래스의 `OnDraw()` 함수를 더블클릭하면, 편집 창에 `OnDraw()` 함수의 위치로 커서가 바로 이동한다.

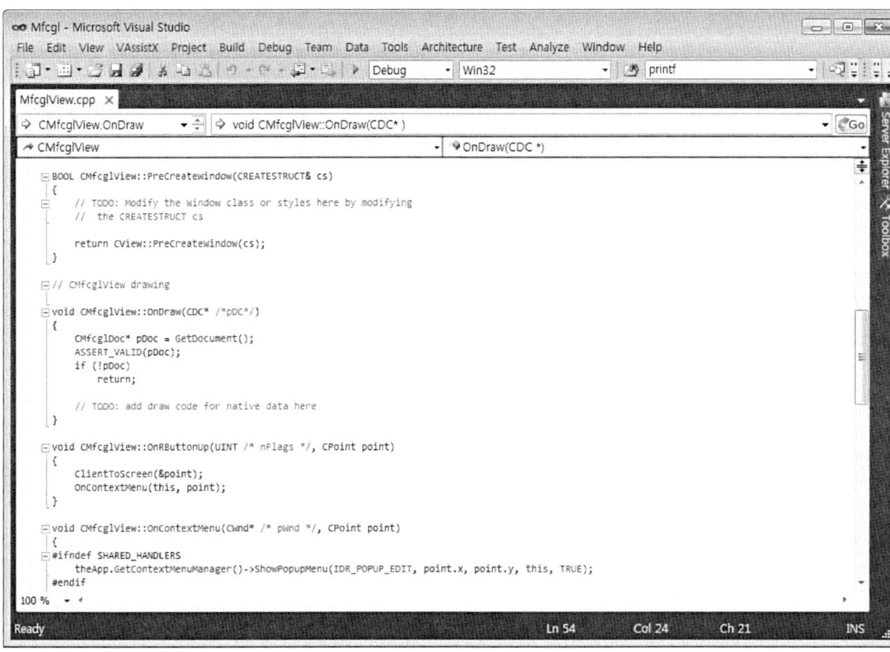

그림 1.12 `CMfcglView::OnDraw()` 함수(MfcglView.cpp 파일)

`OnDraw()` 함수는 다음과 같이 구현한다. 즉, 함수의 내용 부분에 다음의 소스 코드를 적어 넣어 보자.

```
void CMfcglView::OnDraw(CDC* pDC)
{
        CMfcglDoc* pDoc =GetDocument();
        ASSERT_VALID(pDoc);
        if(!pDoc)
                return;

        // TODO: add draw code for native data here
        CString str;
        str.Format("hello world");
        pDC->TextOutA(100,50,str);
}
```

(4) 실행하기

소스 코드 입력 후 메뉴 바의 Build > Compile 메뉴를 차례로 클릭하여 컴파일한다. 오류가 없이 소스 코드가 완성되면, 그림 1.13에서 Debug > Start Debugging (F5) 메뉴 또는 툴바의 디버깅 버튼(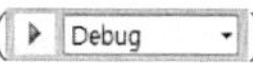)을 클릭하여 프로그램의 실행 결과를 그림 1.14에서 확인한다.

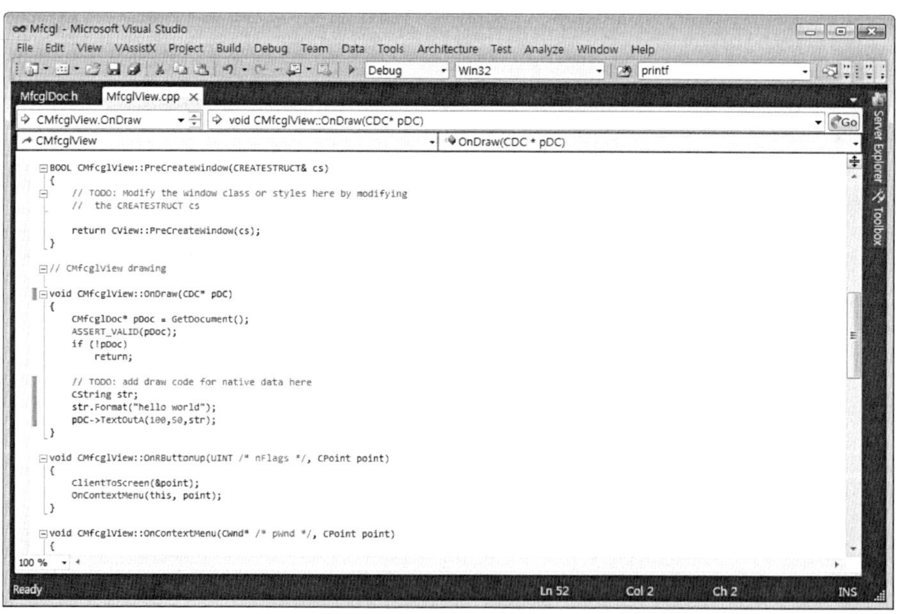

그림 1.13 테스트 소스 코드 구현

그림 1.14 실행 결과

1.2 OpenGL 프로그래밍을 위한 기본설정

본 교재에서는 OpenGL 프로그램을 작성하기 위해 GLUT(OpenGL Utility Toolkit) 라고 부르는 OpenGL용 유틸리티 툴키트(tool kit)를 사용한다.

GLUT*는 호스트 운영체제와 시스템 수준의 입출력을 가능하게 만드는 OpenGL 프로그램용 유틸리티 라이브러리이다. 주로 컴퓨터 그래픽스에서 사용되는 기본적인 점, 선, 면 표현이 지원되고, 구(sphere), 뿔(cone), 주전자(teapot) 등의 기하학적인 기본객체(geometric primitives)를 그려주는 루틴과 기본적인 광원 표현이 지원된다. 뿐만 아니라 그래픽스 프로그램에서 필요한 프로그램 창의 생성과 설정, 키보드와 마우스 입력 제어기능과 더불어 팝업 메뉴를 지원함으로써 보다 다양한 형태의 입출력이 요구되는 프로그램 작성을 지원한다.

프로그램 작성 시 GLUT를 사용하도록 하기 위해서는 다음의 각 파일들을 해당 폴더에 복사한다. 다음 파일은 본 교재에서 제공하는 소스 코드 패키지의 라이브러리 폴더에서 찾을 수 있다.

* OpenGL 유틸리티 툴키트 라이브러리는 X-윈도우 시스템을 지원하기 위하여 마크 킬가드(Mark J. Kilgard)가 개발하였으며, 이후에 네이트 로빈스(Nate Robins)에 의하여 마이크로소프트(Microsoft) 사의 WiggleWin32로 포팅되었다. 또한, 현재는 애플 사의 매킨토시 운영체제에서도 사용되고 있다.

```
< Visual Studio 2010 >
glut.h : C:\Program Files\Microsoft SDKs\Windows\v7.0A\ Include\gl\
glut32.dll : C:\Windows\System32\
glut32.lib : C:\Program Files\Microsoft SDKs\Windows\v7.0A\ Lib\
```

Microsoft Visual Studio 2010 하위 버전의 개발도구에 대한 설정은 다음 링크에서 참고하도록 하자.

Compiling OpenGL Progams at Home Using Visual Studio
http://www.cs.uiowa.edu/~cwyman/classes/common/howto/winGLUT.html

이제 VS2010 응용 프로그램을 열고, OpenGL 관련 라이브러리들을 설정한다.

Solution Explorer에서 생성된 Mfcgl 프로젝트에 마우스 우측 버튼을 눌러 나타나는 메뉴의 Properties를 선택한다. 그림 1.15와 같이 해당 프로젝트의 속성을 설정하는 창이 나타나는데, 좌측의 트리 메뉴에서 Configuration Properties 〉 Linker 〉 Input을 차례로 선택한 후 Additional Dependencies에 그림과 같이 opengl32.lib, glut32.lib, glu32.lib를 입력하고 확인을 클릭한다.

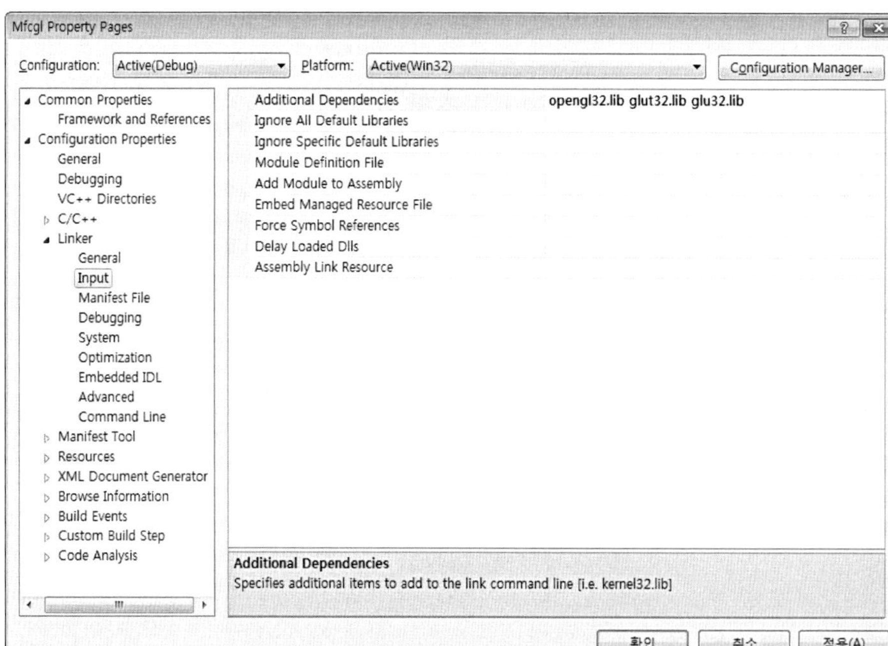

그림 1.15 OpenGL을 사용하기 위한 GLUT 라이브러리 설정

1.3 OpenGL 설정 기본 프로그램 작성

본 교재에서 진행하는 모든 실습 프로그램은 http://office.ucloud.com에 수록된 각 장별 예제 프로그램을 기본으로 한다.

Visual Studio를 실행시키고 File 〉 Open 〉 Project/Solution 메뉴를 선택하여 기본 프로젝트(Chapter01 〉 Mfcgl.sln)를 불러온다. 본 절에서는 이 프로젝트에 포함된 필수 클래스들을 살펴보고, 기본적으로 알아두어야 할 그래픽스 관련 프로그램의 코드를 작성하는 과정을 실습해 본다.

(1) 마우스 이벤트 처리

그림 1.16과 같이 Class View에서 `CMfcglView` 클래스를 더블 클릭하여 멤버 함수를 나열한 후 `OnLButtonDown()` 함수를 더블 클릭해 보자. 코드 편집기(code editor) 상에 `OnLButtonDown()` 함수가 나타나며, 실제로 동작하는 프로그램 코드가 구현된 모습을 확인할 수 있다.

구현된 소스 코드는 마우스 왼쪽 버튼이 클릭 되었을 때, `OnLButtonDown()` 함수를 실행하여 현재 클릭된 마우스의 (x, y)좌표를 구하는 내용이다.

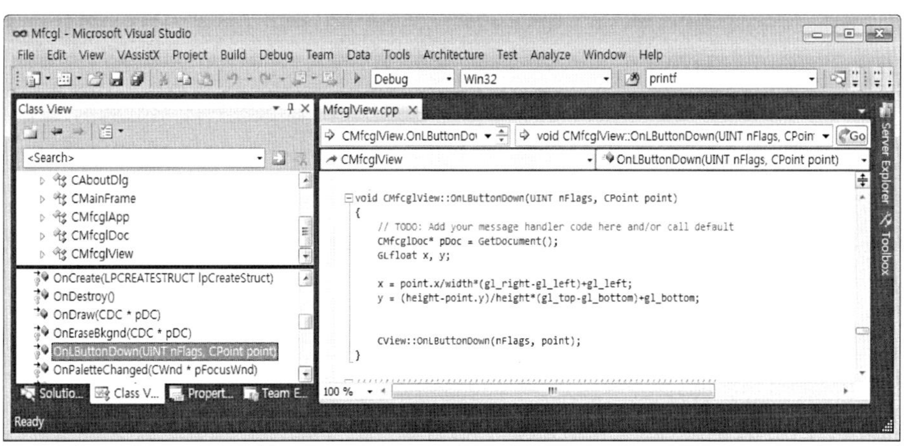

그림 1.16 마우스 왼쪽 버튼을 눌렀을 때의 이벤트 처리(OnLButtonDown() 함수)

(2) 기본 색상 설정하기

실행되는 프로그램에서의 색상 설정은 GLSetupRC() 함수에서 이루어진다. CMfcglView 클래스의 멤버 함수 중에서 GLSetupRC() 함수를 더블 클릭하여 소스 코드 구현 부분으로 그림 1.17과 같이 이동한다.

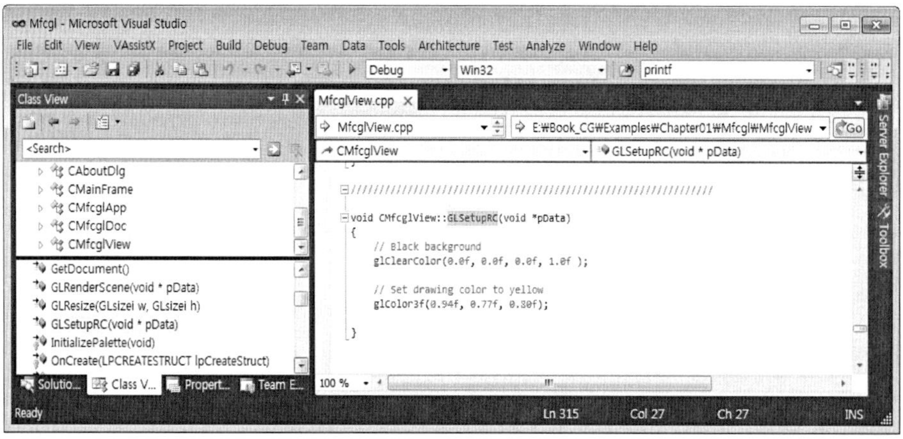

그림 1.17 GLSetupRC() 함수에서의 색상 초기화

GLSetupRC() 함수에 사용된 컬러 설정 함수를 살펴보자.

```
void glClearColor( GLclampf red, GLclampf green, GLclampf blue,
                   GLclampf  alpha );
```

색상 버퍼(color buffer)를 비우기(clear)위한 색상(Red, Green, Blue) 값과 알파(alpha) 값을 설정한다. 여기서 사용되는 값들은 모두 0.0과 1.0 사이의 실수 값으로서 삼원색의 가산혼합법을 기반으로 색상을 생성한다. 네 번째 파라미터인 알파 성분은 블렌딩(blending)과 투명효과(translucence)와 같은 특수 효과에 사용된다. 현재 배경은 검정색 glClearColor(0.0f, 0.0f, 0.0f, 1.0f)로 설정되어 있다. 실제로 프로그램을 실행시켜 보면 검정 바탕색으로 나타난다.

```
void glColor3f( GLfloat  red, GLfloat  green, GLfloat  blue );
```

도형들의 색을 빨강(R), 초록(G), 파랑(B)을 설정하여 나타낸다. 각 성분은 0.0에서 1.0까지의 범위를 가지며, f는 부동 소수점 형(floating-point)을 의미한다.

(3) 실행 윈도우의 크기 설정하기

이번에는 `GLResize()` 함수로 이동하여 실행 시 나타나는 윈도우의 크기를 설정하는 방법을 살펴본다. 윈도우 크기 설정은 아래 그림 1.18에서 작성된 `GLResize()` 함수의 소스 코드를 작성함으로써 수행할 수 있다.

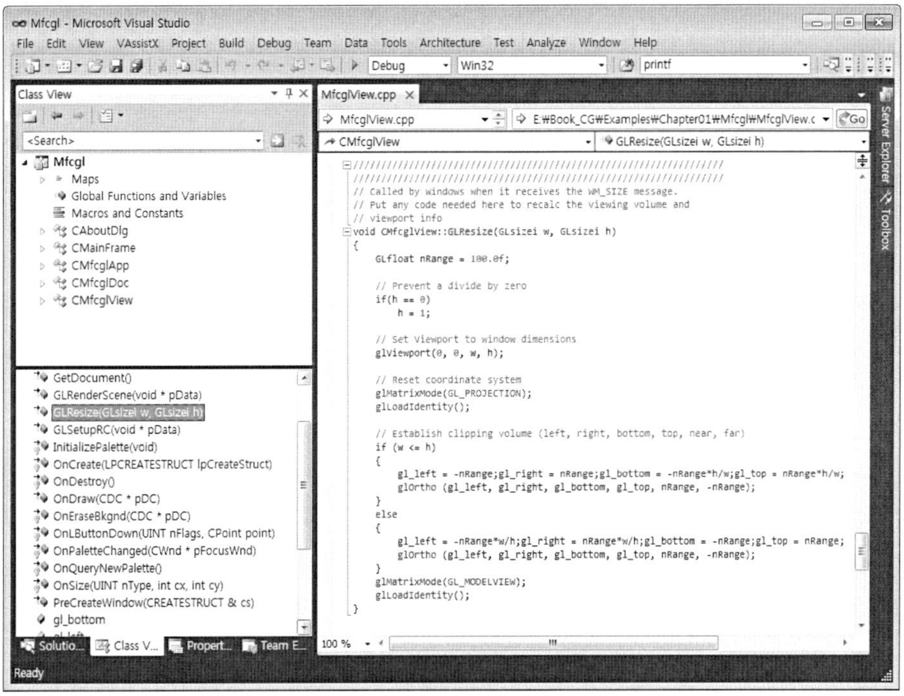

그림 1.18 GLResize() 함수에서 윈도우 크기 설정

여기서 사용된 각 함수에 대한 설명은 아래와 같다.

```
void glViewport( GLint x, GLint y, GLsizei width, GLsizei height );
```

OpenGL로 화면을 렌더링 할 때 3차원 객체에 대한 투영 변환한 도형을 실제로 그릴 윈도우 영역을 설정하였을 때, 이를 뷰포트(viewport)라 일컫는다. 정규화 장치 좌표계(normalized device coordinate)에서 렌더링 한 개체를 윈도우 좌표계(window coordinate)를 가진 화면에 그리기 위해서는 본 함수를 이용하여 변환과정(affine transformation)을 거쳐야 한다. 본 함수의 파라미터만 채워주기만 하면, OpenGL에서 정의된 함수에 의해 자동으로 윈도우 좌표계로 변환하여 화면 상에 출력한다.

```
void glOrtho( GLdouble left, GLdouble right,
              GLdouble bottom, GLdouble top,
              GLdouble nearVal, GLdouble farVal );
```

glOrtho 함수는 화면 상의 좌표축을 설정하는 함수이다. 이는 화면을 그릴 클리핑 공간의 범위를 설정하거나 수정한다. 이 투영 방식은 원근 투영(perspective projection)과는 반대로 관측자로부터 멀리 떨어진 물체를 작게 나타내지 않는다. 다시 말해, 직교 투영(parallel projection)방식의 객체 렌더링이 수행된다. 두 가지 투영방식의 차이는 아래 그림을 참고하자(투영법의 구현은 9장에서 자세히 다루도록 하겠다).

〈직교 투영방식(parallel projection)〉 〈원근 투영방식(perspective projection)〉

```
void glMatrixMode( GLenum mode );
```

OpenGL은 GL_MODELVIEW, GL_PROJECTION, GL_TEXTURE, GL_COLOR의 네 가지 모드의 행렬 연산을 위한 모드를 지원한다. 그려지는 객체는 위 세 가지의 행렬 연산을 통해 화면에 표시할 수 있다. 3차원 위치 (0,0,0)에 정육면체를 그렸다고 가

정했을 때, 해당 좌표에 GL_MODELVIEW 행렬을 곱한 후에 GL_PROJECTION 행렬을 순차적으로 곱함으로써 최종적인 화면이 그려진다. 일반적으로 카메라의 시점에서의 화면을 그리고 싶을 때에는 본 함수에 GL_PROJECTION을 파라미터로 입력하여 사용한다.

```
void glLoadIdentity( void );
```

이 함수는 현재의 변환행렬을 단위행렬로 바꾼다. 다시 말해, 변환된 회전이나 이동 등에 대한 좌표변환 행렬을 처음 상태로 돌려주는 역할을 한다.

(4) 렌더링 구현하기

프로그램 실행 시에 프로그램 윈도우 상에 원하는 장면을 그려 내는 과정의 프로그램 구현은 GLRengerScene()에 작성한다. 작성된 소스 코드는 그림 1.19와 같으며, glutSolidSphere() 함수를 이용하여 기본 구(sphere)를 생성하는 예제이다.

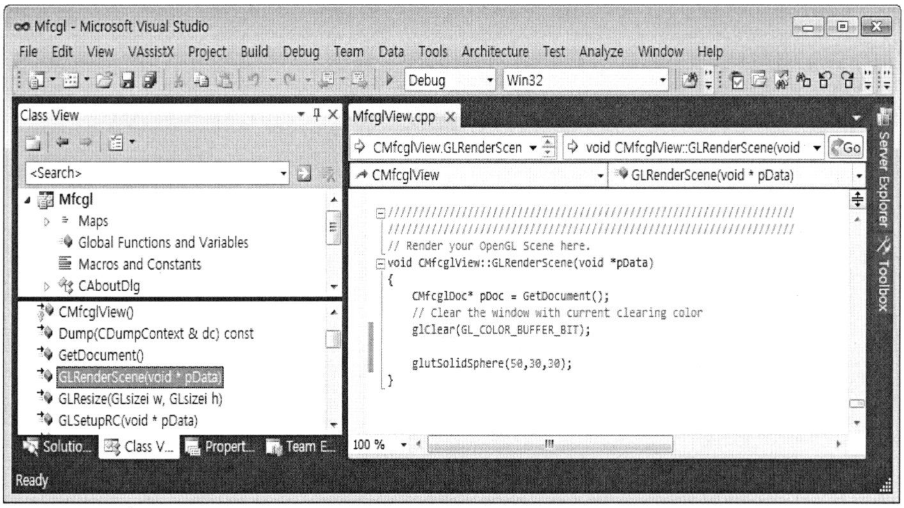

그림 1.19 glutSolidSphere() 함수를 이용한 3차원 구(sphere) 생성 예제

```
void glClear(                GLbitfield mask );
```

이 함수는 버퍼들을 미리 설정된 값으로 지우는 역할을 한다. 파라미터로는 색상 사용을 위해 현재 활성화된 버퍼(GL_COLOR_BUFFER_BIT)와 깊이 버퍼(GL_DEPTH_BUFFER_BIT), 누적 버퍼(GL_ACCUM_BUFFER_BIT), 스텐실 버퍼(GL_STENCIL_BUFFER_BIT)가 있다. 여기서는 GL_COLOR_BUFFER_BIT를 지정함으로써 GLsetupRC() 함수에서 설정한 색상으로 화면 버퍼를 지운다.

(5) 컴파일과 실행하기

지금까지 살펴본 프로그램을 컴파일하고 실행시켜서 결과를 살펴보자. 결과는 그림 1.20과 같이 나타날 것이다.

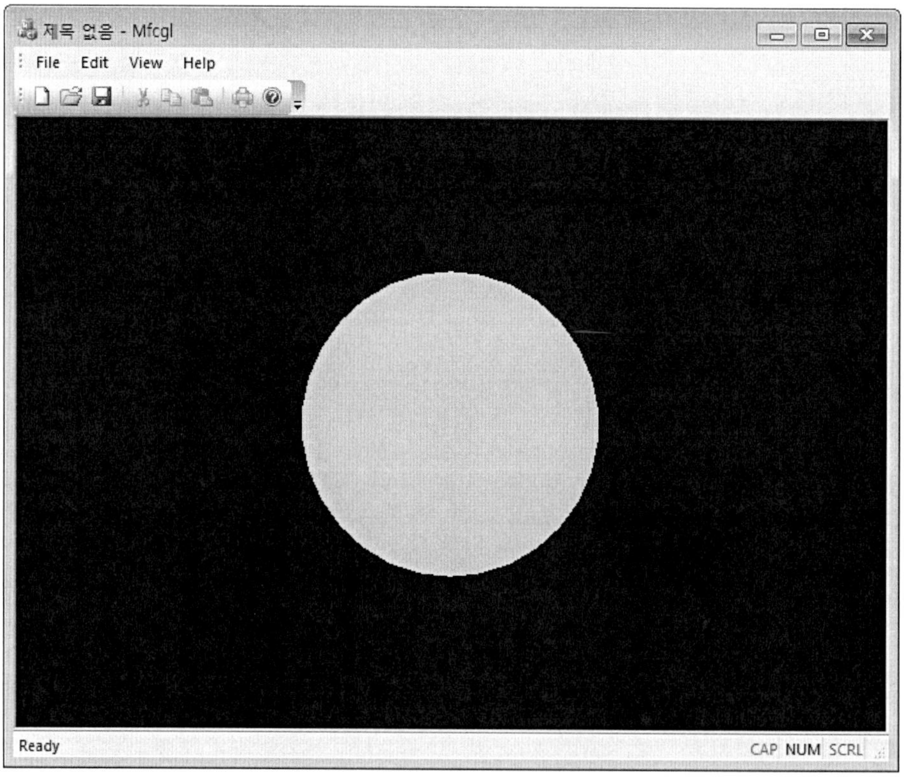

그림 1.20 프로그램 실행결과

정리하기

- MFC(Microsoft Foundation Class)는 윈도우즈에서 작동하는 응용 프로그램을 개발하기 위한 프로그래밍 인터페이스 도구이다.
- OpenGL은 2차원 또는 3차원 그래픽스 프로그래밍을 위한 그래픽스 라이브러리이다.
- 본 장에서 다루는 MFC와 OpenGL의 기본 프로그램 세팅 과정은 다양한 프로그래밍 과정에 폭넓게 활용될 수 있으므로 여러 번 연습하여 숙지하도록 하자.
- 프로그래밍은 정확한 코딩(coding)이 중요하다. 실습을 따라할 때에 프로그래밍 문법과 띄어쓰기에 유의하여 프로그램을 작성하도록 하자.

Chapter 02

OpenGL 기본 객체 그리기

학습목표

본 장에서는 앞서 작성한 프로젝트에 점, 선, 면을 그리기 위한 메뉴와 툴바를 생성하는 과정을 실습하고, 실행 화면에서 마우스를 이용하여 점, 선, 면 등의 기본 객체를 생성하는 방법을 알아본다. 먼저 점, 선, 면을 그리는 원리를 간단한 예를 통해서 살펴보자.

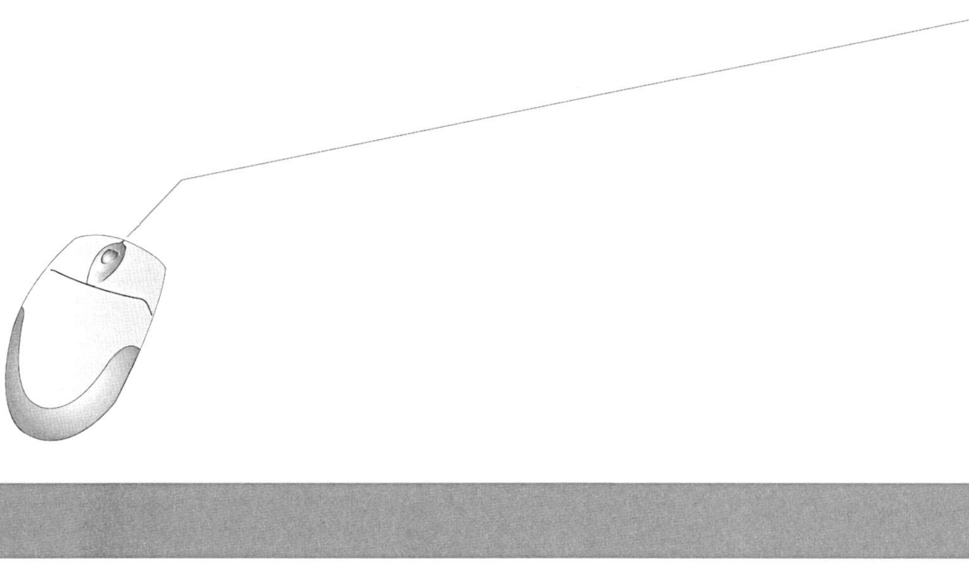

2.1 점, 선, 면을 그리기 위한 기본지식

(1) 점

그림 2.1은 점 그리기의 기하학적 개념을 설명한 것으로 점을 그리기 위한 다음의 OpenGL 구문을 살펴보자.

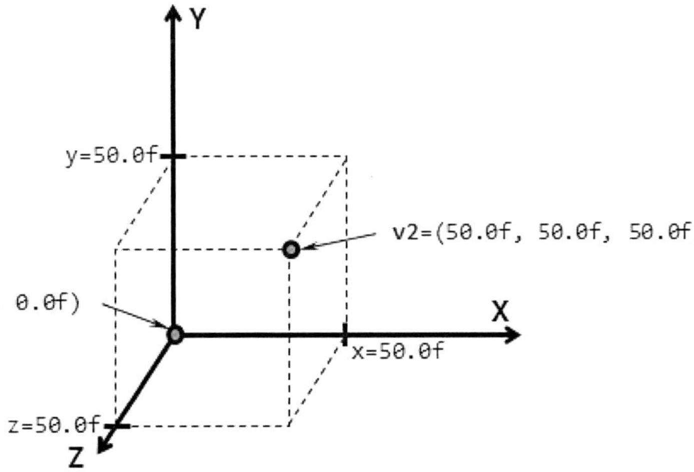

그림 2.1 점 그리기의 개념도

```
glBegin(GL_POINTS);                     // 기본 모델로 점(GL_POINTS)을 선택한다.
     glVertex3f(0.0f, 0.0f, 0.0f);          // 점을 지정한다.
     glVertex3f(50.0f, 50.0f, 50.0f);       // 또 다른 점을 지정한다.
glEnd();                                    // 점 그리기 완료
```

`glBegin()`의 인자인 `GL_POINTS`는 OpenGL에서 입력되는 정점(vertex) 좌표를 독립된 점으로 해석한다. 따라서 이어지는 두 좌표는 점으로 해석되어, 화면에 두 점이 그려진다. `glBegin()`과 `glEnd()`는 항상 짝을 이루어 사용된다. 점을 그릴 때의 표준 크기는 `1`로 설정되어 있으며, `glPointSize()` 함수를 이용하여 원하는 크기로 변경한다.

```
void glPointSize(GLfloat size);
```

(2) 선

그림 2.2는 선 그리기의 기하학적 개념을 설명한 것으로 선은 두 끝점을 지정하여 그들을 연결시키는 방식으로 그린다. 이때 사용되는 기본 모델은 GL_LINES이다. 다음은 점 A(0,0,0)와 점 B(50,50,50)를 양 끝점으로 하는 선을 그리는 예이다.

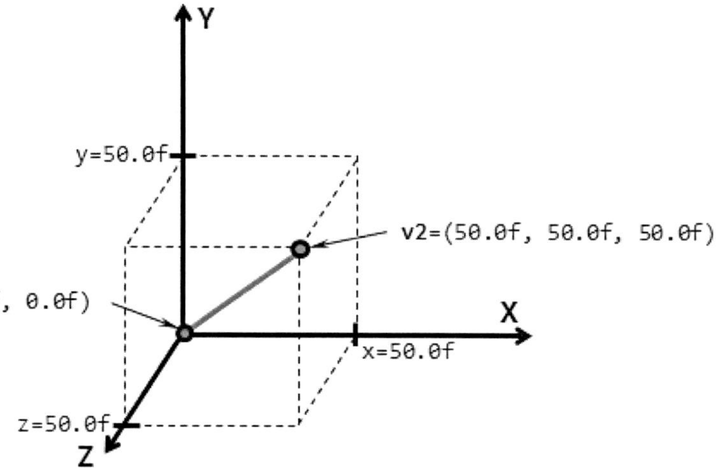

그림 2.2 선 그리기의 개념도

```
glBegin(GL_LINES);                          // 기본 모델로 선을 선택한다.
      glVertex3f(0.0f, 0.0f, 0.0f);         // A점을 지정한다.
      glVertex3f(50.0f, 50.0f, 50.0f);      // B점을 지정한다.
glEnd();                                    // 선 그리기 완료
```

선의 굵기는 glLineWidth() 함수를 통해 설정한다.

```
void glLineWidth(GLfloat width);
```

(3) 면

가장 기본적인 다각형 형태인 삼각형의 기본 모델은 GL_TRIANGLES로, 다음의 예와 같이 세 개의 점을 연결하여 원하는 모양의 삼각형을 그린다. 아래와 같이 삼각형을 그리면 그림 2.3과 같은 삼각형이 나타난다.

```
glBegin(GL_TRIANGLES);
     glVertex2f(  0.0f,  0.0f);          // V0
     glVertex2f( 25.0f, 25.0f);          // V1
     glVertex2f( 50.0f,  0.0f);          // V2
     glVertex2f(-50.0f,  0.0f);          // V3
     glVertex2f(-75.0f, 50.0f);          // V4
     glVertex2f(-25.0f,  0.0f);          // V5
glEnd();
```

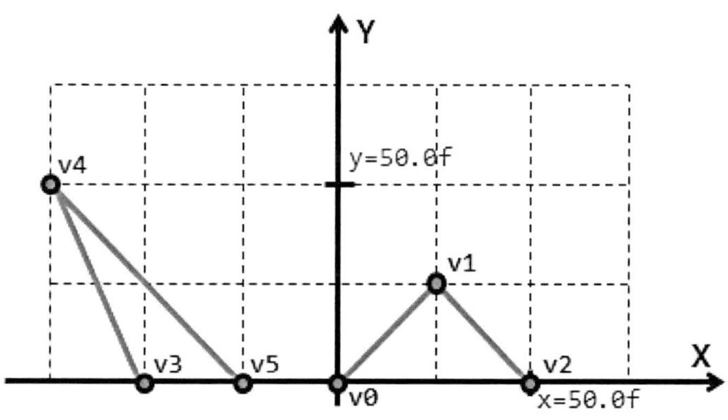

그림 2.3 삼각형 그리기의 개념도

2.2 메뉴와 버튼 만들기

(1) 메뉴 만들기

Resource View 탭을 선택하면 여러 개의 폴더가 나타난다. 그중 Menu 〉 IDR_MAINFRAME을 선택한다. 그림 2.4와 같이 기본 메뉴 바가 나타나면 도움말(Help) 옆에 보이는 빈 칸(Type Here)을 더블 클릭하여 선택하자.

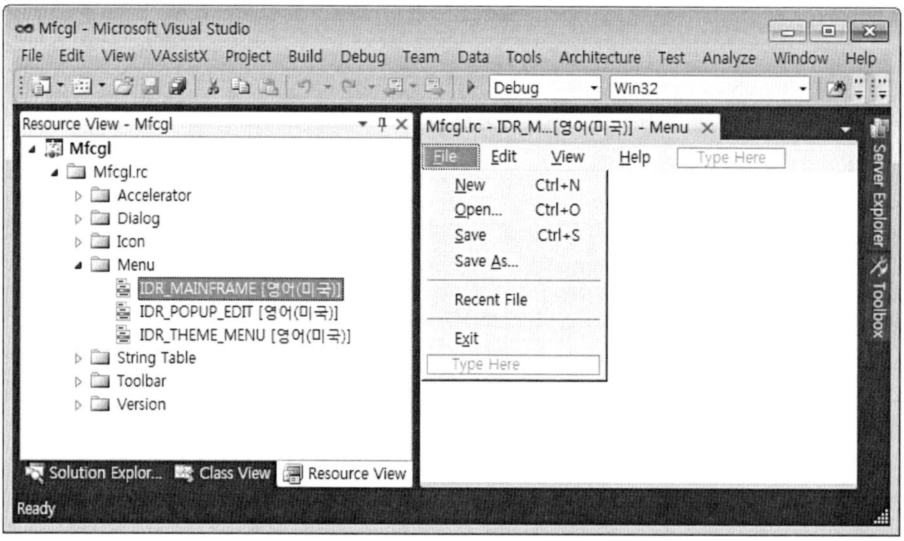

그림 2.4 메뉴 추가생성 하기

이때 메뉴 속성 창이 나타나면 캡션에 'Draw'라고 입력한다. 메뉴 바에 Draw 버튼이 추가될 것이다. Draw 메뉴의 아래쪽에 보이는 빈 칸을 더블 클릭하고 속성 창의 캡션에는 'Point', ID에는 '`ID_DRAW_POINT`'라고 기입한다. 이와 같은 방법으로 'Line', 'Polygon'의 메뉴도 생성한다. 그림 2.5와 같이 Line의 ID는 '`ID_DRAW_LINE`', Polygon의 ID는 '`ID_DRAW_POLYGON`'으로 지정한다. 마지막으로 위의 과정을 모두 실행하고 나면 그림 2.6과 같은 결과를 볼 수 있다.

그림 2.5 Point, Line, Polygon을 그리기 위한 버튼 생성

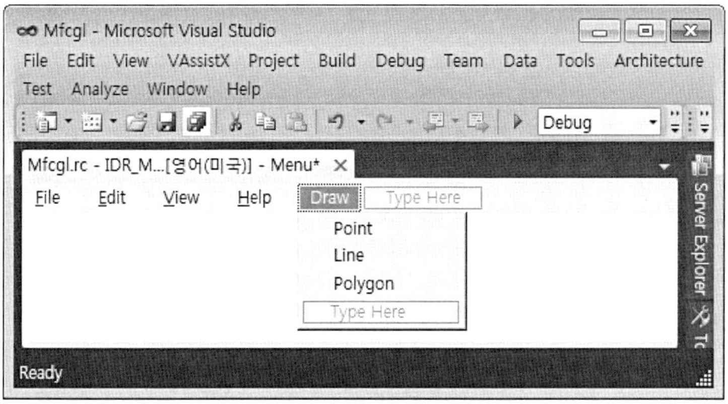

그림 2.6 Point, Line, Polygon 메뉴 생성 결과

(2) 버튼 만들기

Resource View를 클릭하고 폴더 중에 Toolbar를 클릭한다. 그리고 IDR_MAINFRAME_256을 더블 클릭하여 기본 툴바를 보자. 메뉴 바와 마찬가지로 빈 버튼 자리에 원하는 모양을 그려 주고 ID를 부여해 보도록 하자. 주의할 사항은 메뉴 바에서 새로 생성한 메뉴와 같은 기능을 하도록 하기 위해서 **메뉴 바**에서 점, 선, 면을 지정

한 ID와 각각 동일한 ID를 부여해야 한다는 점이다. 그림 2.7과 같이 툴바에 점 모양을 그려 넣고, 더블 클릭하여 속성 창의 ID를 `ID_DRAW_POINT`로 기입한다.

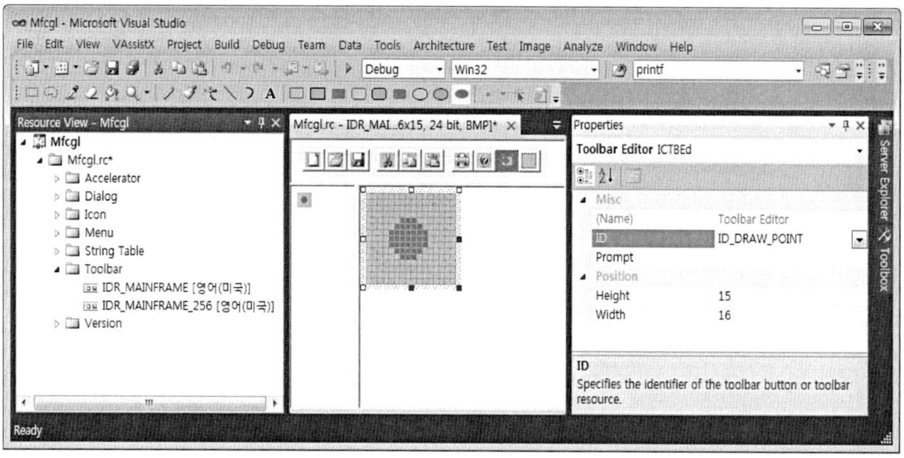

그림 2.7 점 그리기 버튼 생성

그림 2.8과 그림 2.9와 같이 선과 면에 해당하는 툴바 버튼도 같은 방법으로 만들고 각각의 ID를 `ID_BUTTON_LINE`, `ID_BUTTON_POLYGON`으로 설정한다.

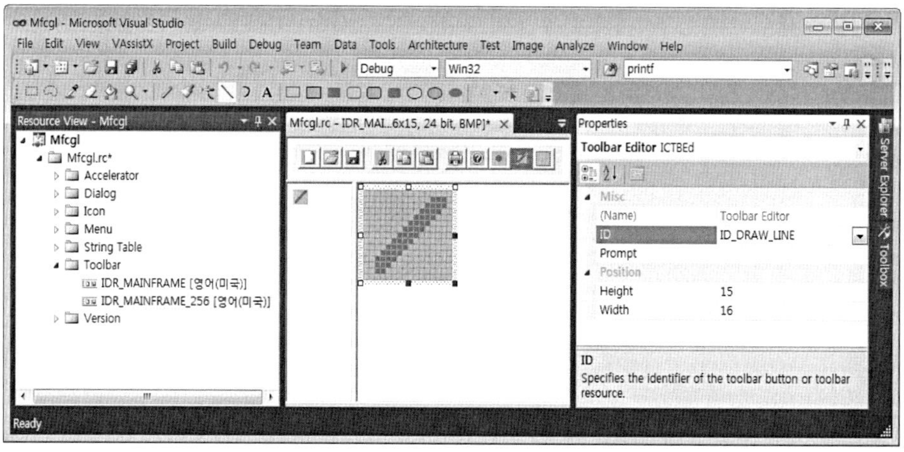

그림 2.8 선 그리기 버튼 생성

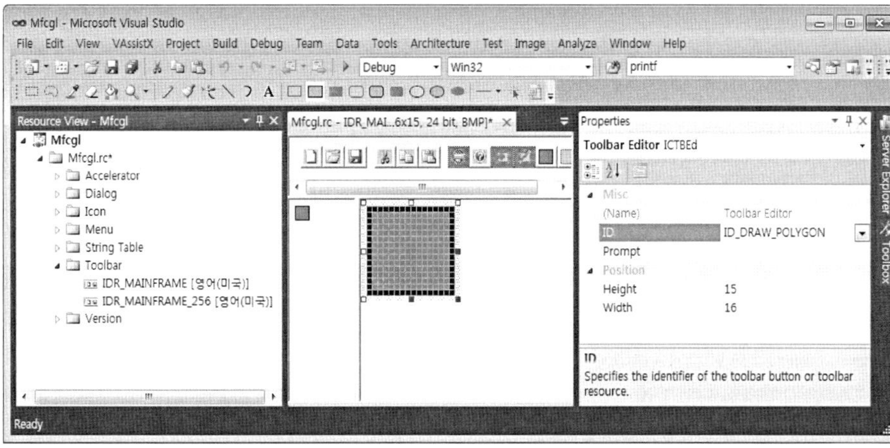

그림 2.9 면 그리기 버튼 생성

(3) 실행하기

지금까지 OpenGL Base에 대해 작업의 결과를 보기 위해서 OpenGL Base 프로그램을 컴파일하여 실행하고 그림 2.10과 같이 윈도우의 새로운 메뉴와 툴바를 확인해 본다.

그림 2.10 메뉴와 버튼 생성 결과

(4) 메뉴 활성화시키기

Visual Studio 2010의 클래스 마법사에서는 프로젝트의 클래스에 메시지와 메시지 처리기를 추가할 수 있다. 또한, 다른 마법사를 시작하거나 클래스를 프로젝트에 추가할 수 있다. 클래스 마법사를 사용하려면, Project 메뉴에서 Class Wizard를 클릭한다. 단축키는 Ctrl+Shift+X이다. Class Wizard에 보이는 각 항목의 특징을 알아보자.

- **프로젝트 (Project)**

  솔루션에 있는 프로젝트의 이름이 나타난다. 드롭다운(drop down) 목록 상자에서 솔루션의 다른 프로젝트를 선택할 수 있다.

- **클래스 이름 (Class name)**

  프로젝트의 클래스 이름이 나타난다. 클래스 이름 목록에서 클래스를 선택할 때 클래스의 데이터가 MFC 클래스 마법사의 컨트롤을 채운다. 컨트롤의 값을 변경할 때 선택한 클래스의 데이터가 영향을 받는다.

- **클래스 추가 (Add Class)**

  여러 가지 소스 중 하나에서 클래스를 추가할 수 있다. 선택 항목에 따라 MFC 클래스 추가 마법사, Typelib의 클래스 추가 마법사, ActiveX 컨트롤의 클래스 추가 마법사 또는 MFC ODBC 소비자 마법사가 시작된다.

- **기본 클래스 (Base class)**

  Class name에 표시되는 클래스의 기본 클래스이다.

- **클래스 선언 (Class declaration)**

  클래스 이름 클래스가 선언되는 클래스이다. 여기에 있는 이름이 클래스 구현에 있는 이름과 다른 경우에만 클래스 선언 상자가 표시된다.

- **리소스 (Resource)**

  리소스가 존재할 경우 클래스 이름의 리소스 ID가 나타난다. 그렇지 않으면 리소스 상자가 비어 있다.

- **클래스 구현 (Class implementation)**
  클래스 이름에서 클래스의 구현을 포함하는 파일의 이름이다. 화살표를 클릭하여 다른 구현 파일을 선택할 수 있다. 사용 가능한 옵션은 다음 표를 참고하자.

표 2.1 클래스 구현에 사용 가능한 옵션

옵션	설명
파일 열기	클래스 마법사를 끝내고 현재 클래스 구현 파일을 연다.
상위 폴더 열기	현재 클래스 구현 파일에 들어 있는 폴더를 연다.
전체 경로를 클립보드에 복사	현재 구현 파일의 경로를 클립보드로 복사한다.

- **명령 (Commands)**
  명령 및 메시지 처리기를 추가, 삭제, 편집 또는 검색할 수 있다. 처리기를 추가하려면 처리기 추가를 클릭하거나 개체 ID 목록 또는 메시지 목록에서 항목을 더블 클릭한다. 결과 함수 이름, ID 및 메시지는 멤버 함수 목록에 표시된다. 처리기를 삭제하려면 멤버 함수 목록에서 항목을 선택하고 삭제 처리기를 클릭한다. 처리기를 수정하려면 멤버 함수 목록에서 해당 항목을 더블 클릭하거나, 리스트 상자의 아이템을 선택한 상태에서 Edit Code를 선택하여 프로그램 소스 코드를 수정할 수 있다.

- **메시지 (Messages)**
  메시지 및 메시지 처리기를 추가, 삭제, 편집 또는 검색할 수 있다. 처리기를 추가하려면 처리기 추가를 클릭하거나 메시지 목록에서 항목을 더블 클릭한다.

- **가상 함수 (Virtual Functions)**
  가상 함수 또는 재 정의된 가상 함수를 추가, 삭제, 편집 또는 검색할 수 있다.

- **멤버 변수 (Member Variables)**
  멤버 변수를 추가, 삭제, 편집 또는 검색할 수 있다.

- **메서드 (Methods)**
  메서드를 추가, 삭제 또는 검색하고 메서드의 정의 또는 선언으로 이동할 수도 있다.

- 메서드를 추가하려면 메서드 추가를 클릭한 다음 메서드 추가 대화 상자에서 값을 지정한다.
- 메서드를 삭제하려면 메서드 목록에서 항목을 선택하고 삭제 방법을 클릭한다.
- 선언을 표시하려면 메서드 목록에서 항목을 선택하고 선언으로 이동을 클릭한다.
- 정의를 표시하려면 메서드 목록에 있는 항목을 더블 클릭한다.

이제 Object IDs에서 `ID_DRAW_POINT`를 선택한 후, 그림 2.11처럼 Messages에서 COMMAND를 선택한다.

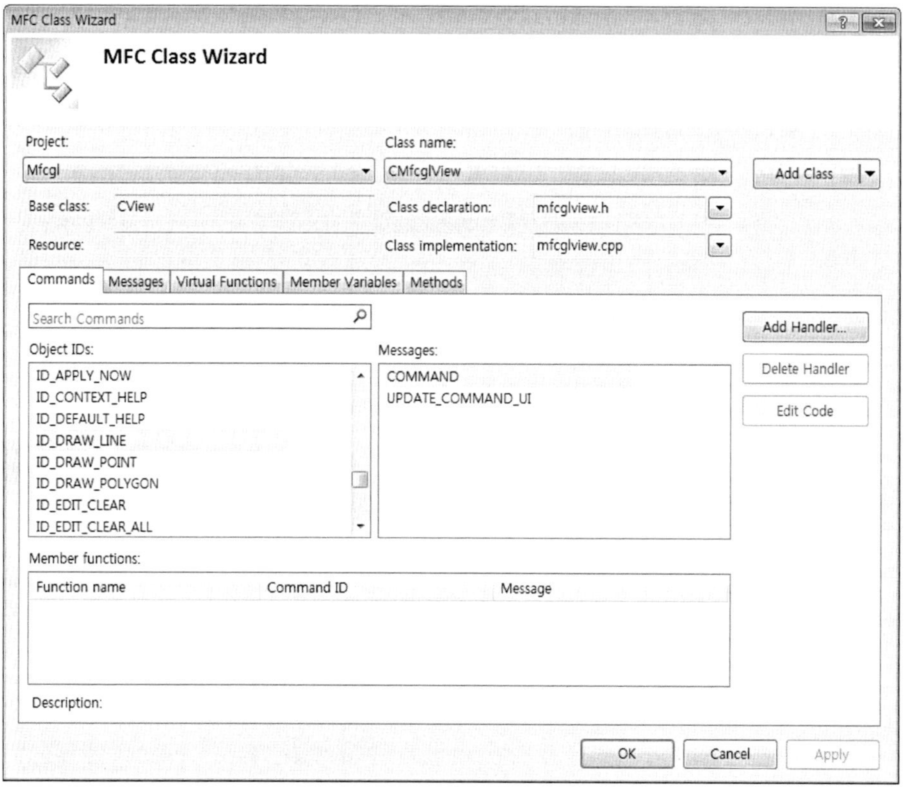

그림 2.11 MFC 클래스 마법사

그리고 Add Handler를 클릭하면, 그림 2.12처럼 Add Member Function 창이 나타난다. 여기서 Member function name에 OnDrawPoint의 입력을 확인하고 OK를 클릭한다.

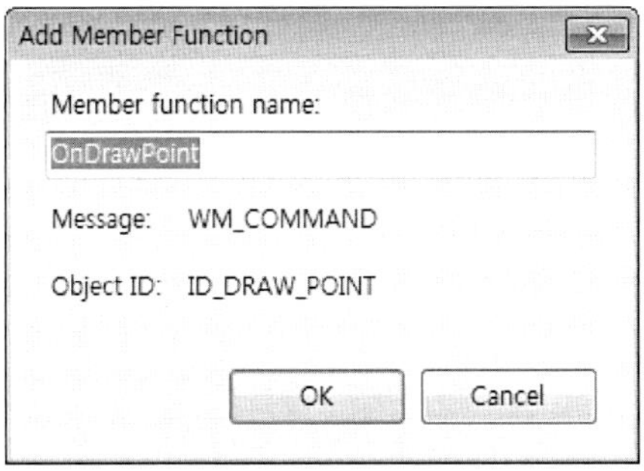

그림 2.12 멤버 함수 추가

ID_DRAW_LINE과 ID_DRAW_POLYGON을 위와 같은 방법으로 등록한다. 그 결과는 그림 2.13의 Member functions의 아이템 리스트와 같다.

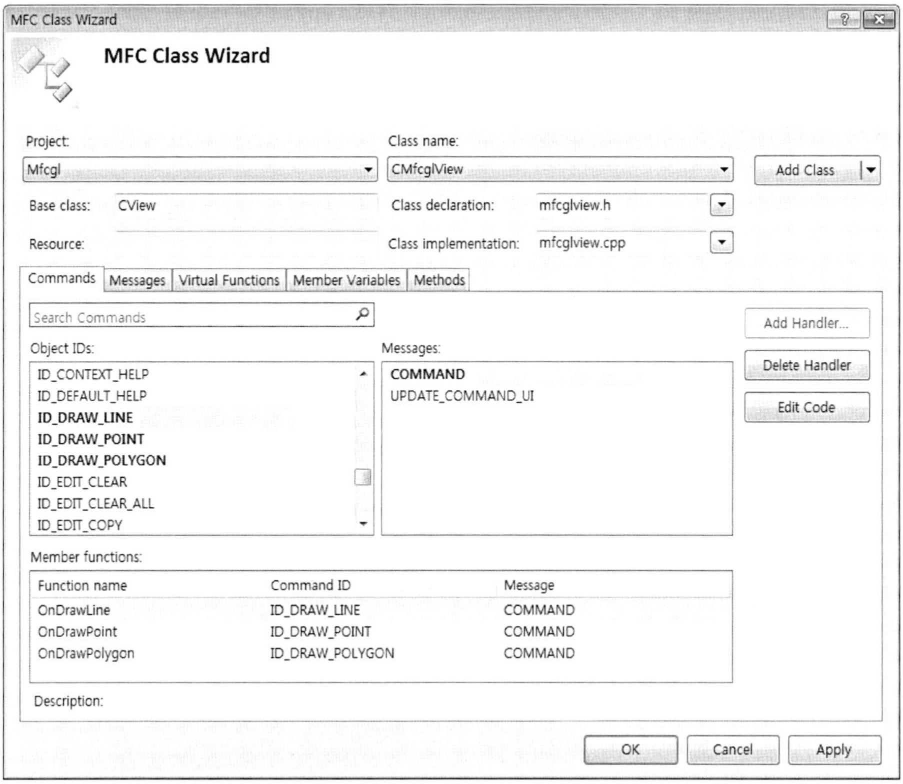

그림 2.13 MFC 클래스 마법사를 이용한 멤버 함수 추가

이제 Edit Code를 클릭하여 함수의 구현부로 이동하여 그림 2.14에서 `OnDrawPoint()`, `OnDrawLine()`, `OnDrawPolygon()`라는 함수가 등록되어 있는지 확인하자. Line과 Polygon 메뉴에 대해서도 위와 같이 활성화시키고 프로그램을 컴파일하여 실행시킨 후 그림 2.15와 결과를 비교해 보자.

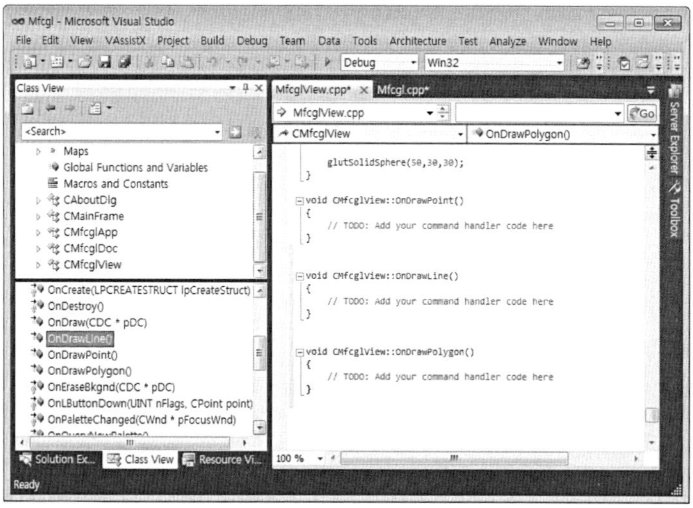

그림 2.14 점(OnDrawPoint()), 선(OnDrawLine()), 면(OnDrawPolygon()) 함수 구현

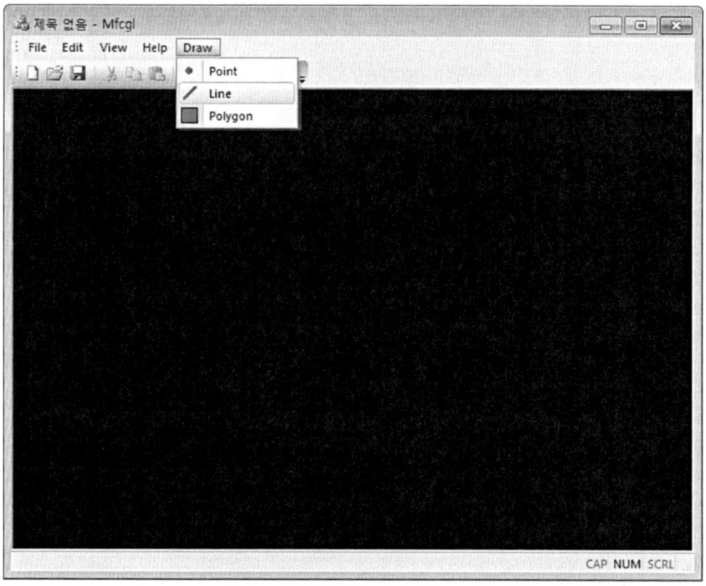

그림 2.15 점(Point), 선(Line), 면(Polygon) 그리기 버튼의 활성화

2.3 마우스 클릭으로 점 그리기

(1) 변수 선언과 초기화하기

클래스 변수를 등록하기 위해 그림 2.16과 같이 Class View에서 `CMfcglView`를 클릭한 후, 마우스 오른쪽 버튼을 클릭하여 Add 〉 Add Variable을 선택한다.

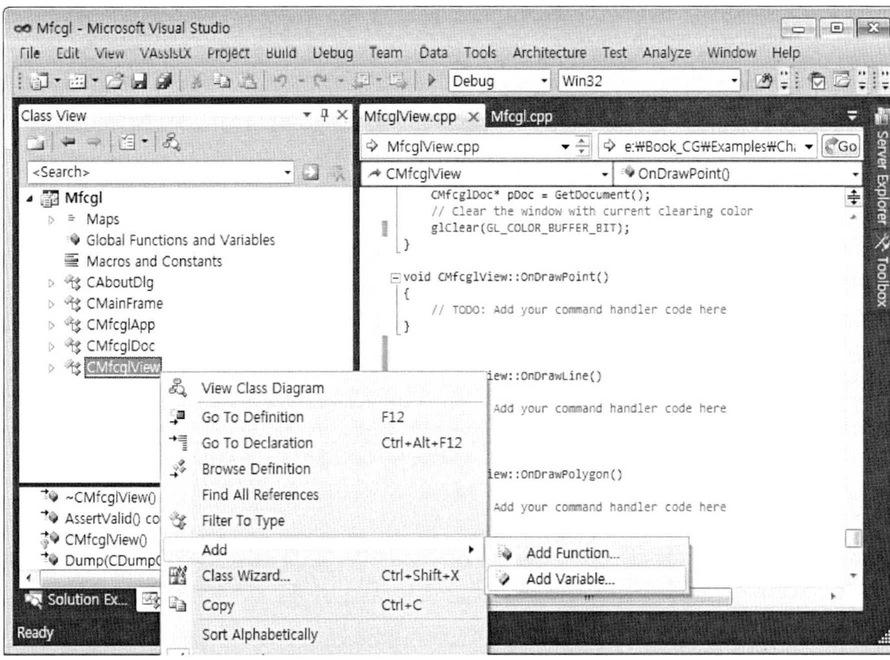

그림 2.16 클래스 변수 등록

그림 2.17과 같이 변수 등록 창이 나타나면, Variable type은 `UINT`로, Variable name은 m_DrawType으로 입력하고 Finish 버튼을 클릭한다.

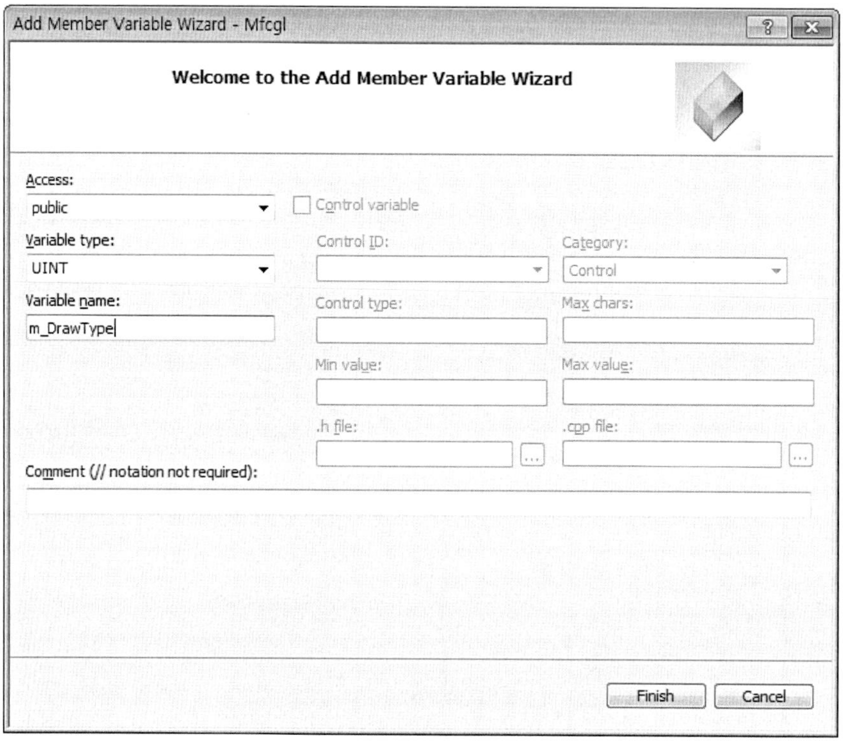

그림 2.17 m_DrawType 변수 등록 설정

OnDrawPoint() 함수와 CMfcglView의 구현부에 m_DrawType = 1을 입력하고 컴파일한다.

```
void CMfcglView::OnDrawPoint()
{
        // TODO: Add your command handler code here
        m_DrawType=1;
}
```

[Examples]\Chapter02\Mfcgl\MfcglView.cpp

CMfcglView 클래스에 위와 동일한 방법으로 배열을 선언한다. 그림 2.18처럼 변수 등록 창에서 Variable Type은 GLfloat으로, Variable Name은 m_LaPoint

[Pmax][2]로 입력하고 OK 버튼을 클릭한다.

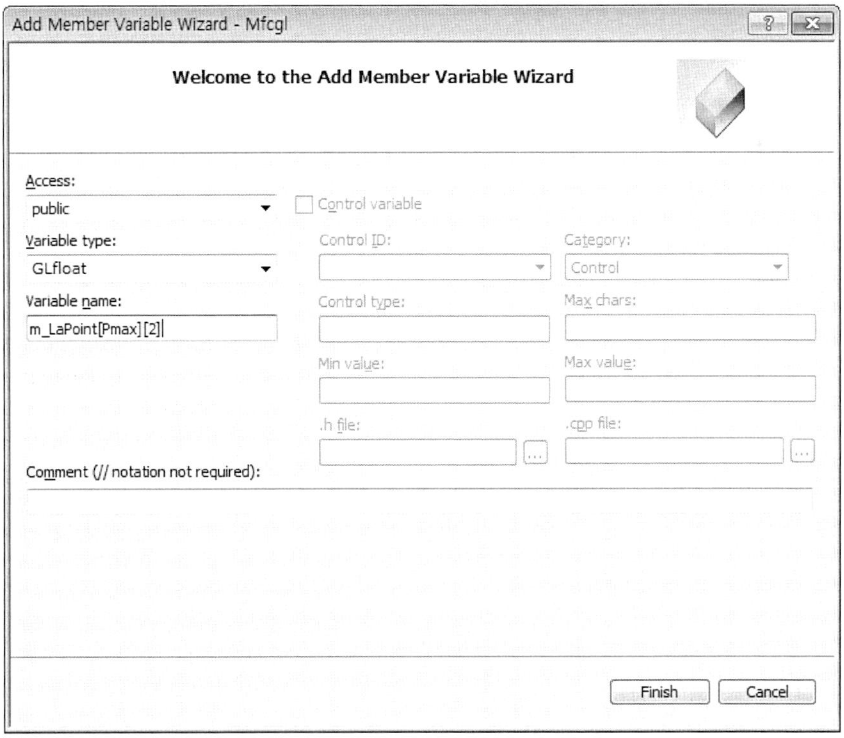

그림 2.18 m_LaPoint[Pmax][2] 변수 등록 설정

같은 방법으로 CMfcglView 클래스에 포인터 변수의 인덱스를 위한 변수 UINT m_NumOfDots를 선언한다.

```
UINT    m_NumOfDots;
GLfloat m_LaPoint[Pmax][2];
```

[Examples]\Chapter02\Mfcgl\MfcglView.h

CMfcglView에 m_NumOfDots의 값을 0으로 초기화한다.

```
049:m_NumOfDots = 0;
```

[Examples]\Chapter02\Mfcgl\MfcglView.cpp

CMfcglView 클래스를 더블 클릭 한 후 그림 2.19의 맨 위쪽에 Pmax를 다음과 같이 정의한다.

```
05:#define Pmax 1000
```

[Examples]\Chapter02\Mfcgl\MfcglView.h

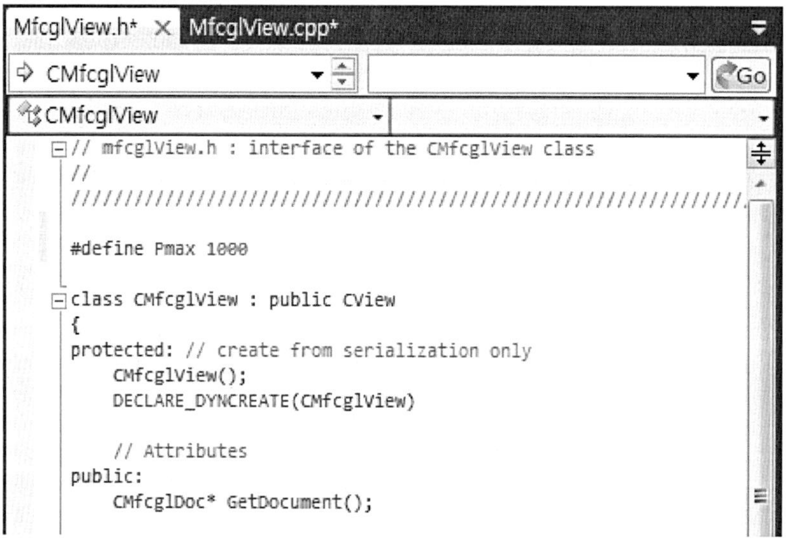

그림 2.19 Pmax 값 선언

OnLButtonDown() 함수로 이동하여 다음의 소스를 입력한다. 그리고 나서 그림 2.20에서와 같이 OnLButtonDown() 함수를 클릭하여 오른쪽의 결과를 확인하자.

```
if(m_NumOfDots<Pmax && m_DrawType==1)
{
        m_LaPoint[m_NumOfDots][0]=x;
        m_LaPoint[m_NumOfDots][1]=y;
        ++m_NumOfDots;
        Invalidate();
}
```

[Examples]\Chapter02\Mfcgl\MfcglView.cpp

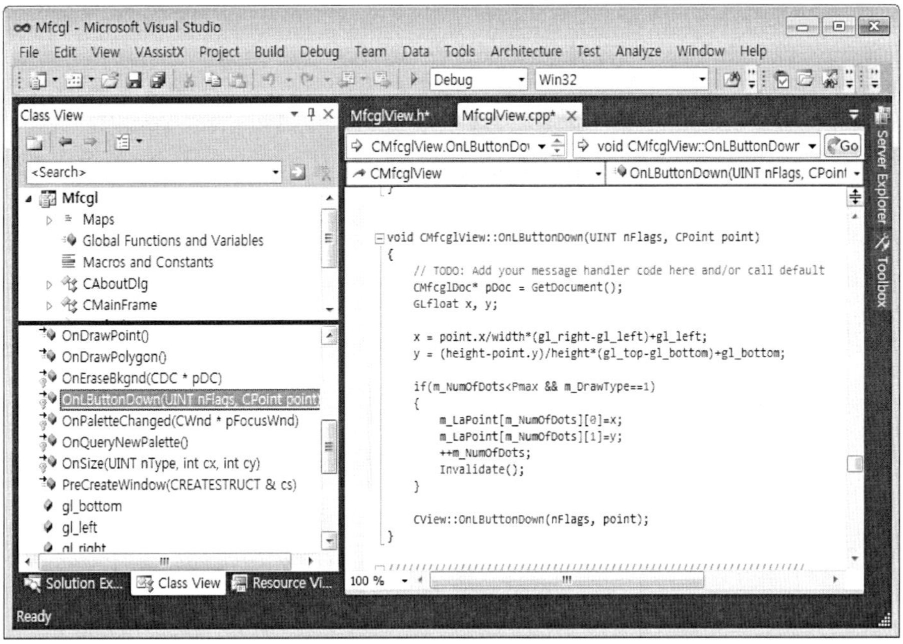

그림 2.20 마우스 왼쪽 버튼을 눌렀을 때의 OnLButtonDown() 함수 구현

(2) 마우스로 점 찍기

마우스를 이용하여 점을 찍기 위해 우선 GLRenderScene() 함수에 다음 소스를 그림 2.21과 같이 입력한다.

```
if(m_NumOfDots>0)
{
        glPointSize(2.0f);
        glBegin(GL_POINTS);
        for(UINT i=0; i<m_NumOfDots ; i++)
        {
                glVertex3f(m_LaPoint[i][0],m_LaPoint[i][1],0.0f);
        }
        glEnd();
}
```

[Examples]\Chapter02\Mfcgl\MfcglView.cpp

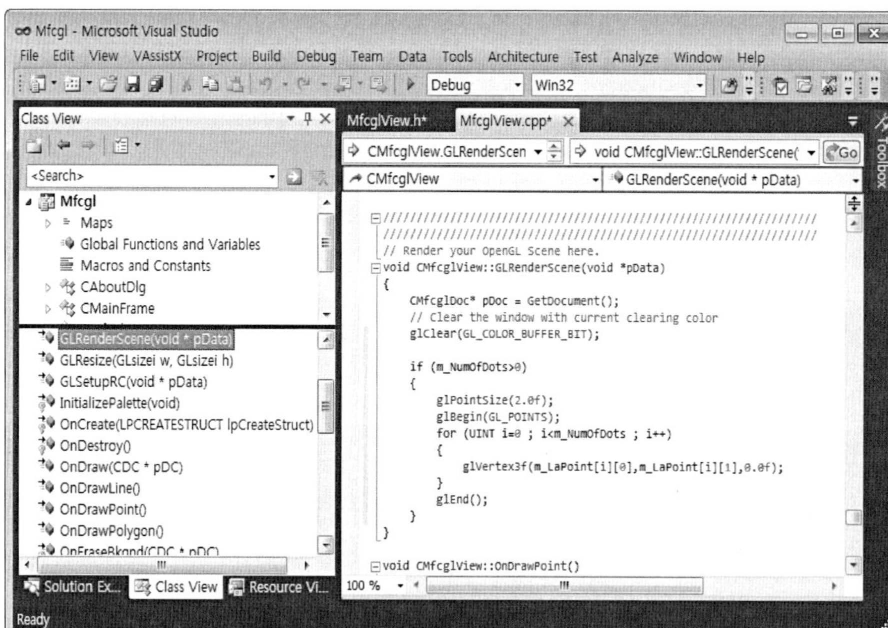

그림 2.21 마우스 왼쪽 버튼을 눌렀을 때의 점을 그리는 GLRenderScene() 함수 구현

```
void glPointSize(GLfloat size);
```

GL_POINTS로 그리는 점의 크기를 설정한다. OpenGL에서 지원하는 점의 크기는

0.5에서 10.0까지 사용할 수 있으며, 증가치는 0.125이다.

```
void glBegin(GLenum mode);
```

이 함수는 `glEnd()`와 함께 사용하여 OpenGL 기본 요소를 나타내 일련의 정점들을 명시한 부분을 나타낸다. 같은 종류의 기본 요소를 나타내는 한, 하나의 `glBegin()~glEnd()` 쌍 안에 복수 개의 정점 집합을 포함할 수 있다. 또한, 추가적인 OpenGL 명령을 사용하여 다음에 나오는 정점에 적용시킬 수 있다. `glBegin()`에서 사용될 수 있는 요소는 아래 표와 같다.

표 2.2 glBegin()에서 지원하는 OpenGL 기본 요소

모 드	기본 요소 종류
GL_POINTS	주어진 정점은 각각 1개의 점으로 생성된다.
GL_LINES	주어진 정점들은 각각의 선분을 만들기 위해 사용된다. 2개의 정점으로 1개의 선분을 생성한다. 정점의 수가 홀수 개라면, 마지막의 정점은 무시된다.
GL_LINE_STRIP	주어진 정점은 라인 스트립을 만들기 위해 사용된다. 첫 번째 정점이 명시된 후, 뒤에 나오는 정점들은 다음에 그려질 선을 가리키는 정점으로 사용된다.
GL_LINE_LOOP	GL_LINE_STRIP과 비슷하게 작동하나 마지막에 그려질 선분은 첫 번째 정점과 마지막 정점을 연결하는 형태로 그린다.
GL_TRIANGLES	주어진 정점은 삼각형을 구성한다. 세 정점이 모여 하나의 삼각형을 이룬다. 주어진 정점이 3으로 나누어 떨어지지 않을 경우, 나머지에 해당하는 정점은 무시된다.
GL_TRIANGLES_STRIP	주어진 정점은 띠 형태의 삼각형들을 구성한다. 첫 세 정점이 주어진 후, 뒤이어 나오는 정점은 앞서 주어진 2개의 정점과 함께 새로운 삼각형을 형성한다.
GL_TRIANGLE_FAN	주어진 정점은 트라이앵글 팬을 형성하게 된다. 첫 번째로 주어진 정점은 원점의 역할을 하며, 3의 배수 번째 나온 정점 바로 다음의 정점은 원점과 바로 전에 주어진 정점과 함께 새로운 삼각형을 형성한다.

표 2.2 glBegin()에서 지원하는 OpenGL 기본 요소(계속)

모 드	기본 요소 종류
GL_QUADS	4개의 정점이 사변형(변이 4개인 폴리곤)을 형성하게 된다. 주어진 정점의 총 개수가 4로 나누어 떨어지지 않을 경우, 나머지에 해당하는 정점들은 무시된다.
GL_QUAD_STRIP	주어진 정점들은 띠 형태의 사변형을 형성하게 된다. 첫 사변형이 형성된 뒤, 2개의 정점이 더 주어질 때마다 새로운 사변형이 형성된다.
GL_POLYGON	주어진 정점들은 볼록한 폴리곤을 형성하게 된다. 폴리곤의 간선들은 교차될 수 없다. 마지막의 정점은 자동적으로 처음에 주어진 정점과 연결되어 폴리곤이 닫힌 형태가 되도록 한다.

glBegin()~glEnd() 쌍 안에서 호출할 수 있는 함수들은 다음과 같다.

```
glVertex(), glColor(), glIndex(), glNormal(), glEvalCoord(),
glCallList(), glCallLists(), glTexCoord(), glEdgeFlag(),
glMaterial()
```

```
void glVertex3f(GLfloat x, GLfloat y, GLfloat z);
```

glVertex3f() 함수는 3차원 상의 좌표를 지정하기 위해 사용한다. 세 개의 인자는 마우스 포인터의 좌표를 나타낸다.

(3) 실행하기

컴파일하여 실행시킨 후 점 메뉴를 선택하고 윈도우에 마우스를 클릭하여 그림 2.22와 같이 임의의 점들을 생성해 보자.

그림 2.22 마우스로 점 그리기 결과

(4) 점의 속성 변경하기

`glPointSize()` 함수의 인자 값을 변경해 보자. 점의 크기가 달라질 것이다. `GLSetupRC()` 함수의 `glColor3f()`의 값을 변경함으로써 찍히는 점의 색상을 바꾸어 보자.

2.4 화면 삭제 기능 추가하기

(1) 툴바에 초기화 버튼 만들기

Resource View에서 툴바를 활성화하고 초기화 기능을 위한 버튼을 새로 그려 넣는다. 버튼의 ID는 ID_DRAW_CLEAR로 설정하고 OnDrawClear() 함수를 추가하자.

(2) Clear 구현하기

OnDrawClear() 함수에 다음 소스를 입력한다.

```
void CMfcglView::OnDrawClear()
{
        // TODO: Add your command handler code here
        m_DrawType=0;
        m_NumOfDots=0;
        Invalidate();
}
```

[Examples]\Chapter02\Mfcgl\MfcglView.cpp

(3) 실행하기

Mfcgl프로그램을 실행시켜서 마우스로 여러 개의 점을 찍은 후 초기화 버튼을 눌러 삭제시켜 보자.

정리하기

- 점, 선, 면을 그리기 위한 3차원 좌표계를 이해하고 다양한 도형을 그리기 위해 필요한 점의 좌표와 그 순서를 생각해 보자.
- 본 장에서 실습한 점, 선, 면 그리기는 3차원 드로잉(drawing)의 가장 기본이 되는 지식이다. 우리는 이를 이용하여 다양하고 복잡한 형태의 3차원 객체도 그릴 수 있게 된다. 본 장의 내용을 반드시 복습하고, 자유롭게 활용할 수 있도록 실습내용을 숙지하도록 하자.
- glPointSize() 함수의 인자 값을 변경해 보자. 점의 크기가 달라질 것이다. GLSetupRC() 함수의 glColor3f()의 값을 변경함으로써 찍히는 점의 색상을 바꾸어 보자.

Chapter 03

선과 도형 그리기

학습목표

이 장에서는 OpenGL을 이용하여 마우스 클릭으로 입력된 두 점을 연결한 2차원의 선을 그리는 방법을 설명하고, 이를 이용하여 다각형 도형을 생성하는 방법을 실습해 본다. 앞 장에서 실습한 것처럼, MFC를 이용하여 선 그리기를 위한 버튼을 생성하고 해당 버튼에 선을 그리기 위한 함수를 연결하여 마우스 클릭에 의한 선 그리기를 수행할 수 있도록 프로그램을 작성해 보자.

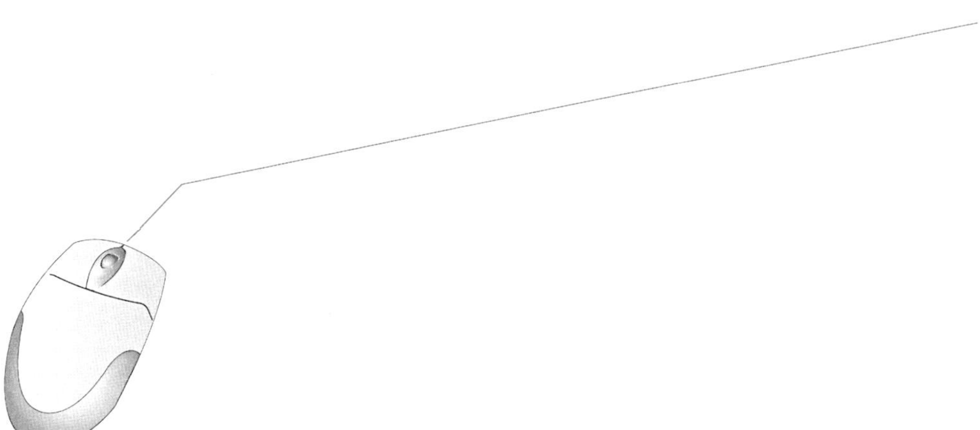

3.1 선 그리기

(1) DrawType 값 설정하기

점 그리기에서 m_DrawType을 1로 설정한 것처럼 선과 도형을 구분하기 위해서 m_DrawType을 각각 2와 3으로 설정한다. 이를 위해서 그림 3.1과 같이 `OnDrawLine()` 함수에서 m_DrawType=2를 추가하고, `OnDrawPolygon()`에서 m_DrawType=3을 추가한다.

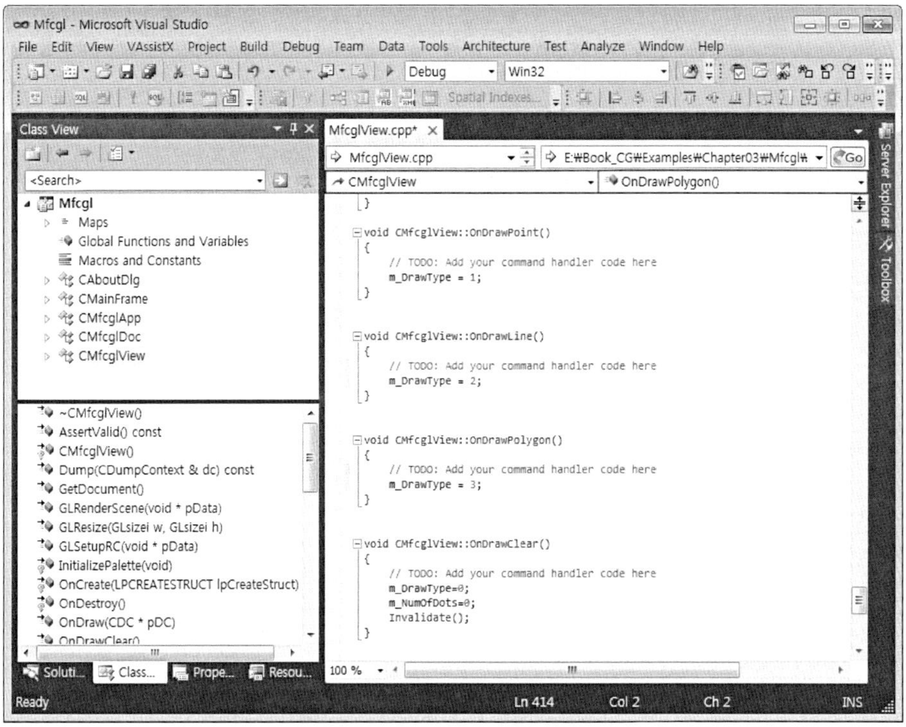

그림 3.1 그리기 형식변수(m_DrawType) 값 설정하기

(2) 선 그리기 위한 변수 선언과 초기화하기

선의 양 끝점의 좌표를 저장하기 위한 배열 m_LbPoint[Pmax][2]와 그려진 선의 개수를 인덱싱하기 위한 변수 m_NumOfLine을 선언하기 위해 그림 3.2와 같이 실행한다. 또한, m_NumOfLine은 `CMfcglView()` 함수에서 0으로 초기화한다.

```
public:
        UINT    m_DrawType;

        // GL_POINTS
        UINT    m_NumOfDots;
        GLfloat m_LaPoint[Pmax][2];

        // GL_LINE
        UINT    m_NumOfLine;
        GLfloat m_LbPoint[Pmax][2];
```

[Examples]\Chapter03\Mfcgl\MfcglView.h

```
CMfcglView::CMfcglView()
{
        m_DrawType=1;

        m_NumOfDots=0;
        m_NumOfLine=0;
```

[Examples]\Chapter03\Mfcgl\MfcglView.cpp

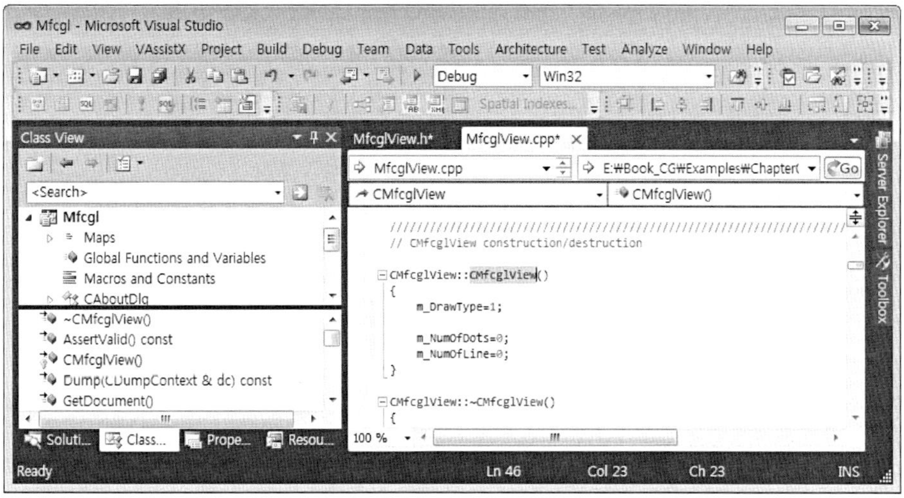

그림 3.2 점, 선 그리기 형식변수(m_DrawType)별 설정 값 초기화하기

이제 OnLButtonDown() 함수로 이동하여 다음 코드를 추가한 후 그 내용을 그림 3.3에서 확인해 본다.

```
        // for Lines
        if(m_NumOfLine<Pmax && m_DrawType==2)
        {
                m_LbPoint[m_NumOfLine][0]=x;
                m_LbPoint[m_NumOfLine][1]=y;
                ++m_NumOfLine;
                Invalidate();
        }
```

[Examples]\Chapter03\Mfcgl\MfcglView.cpp

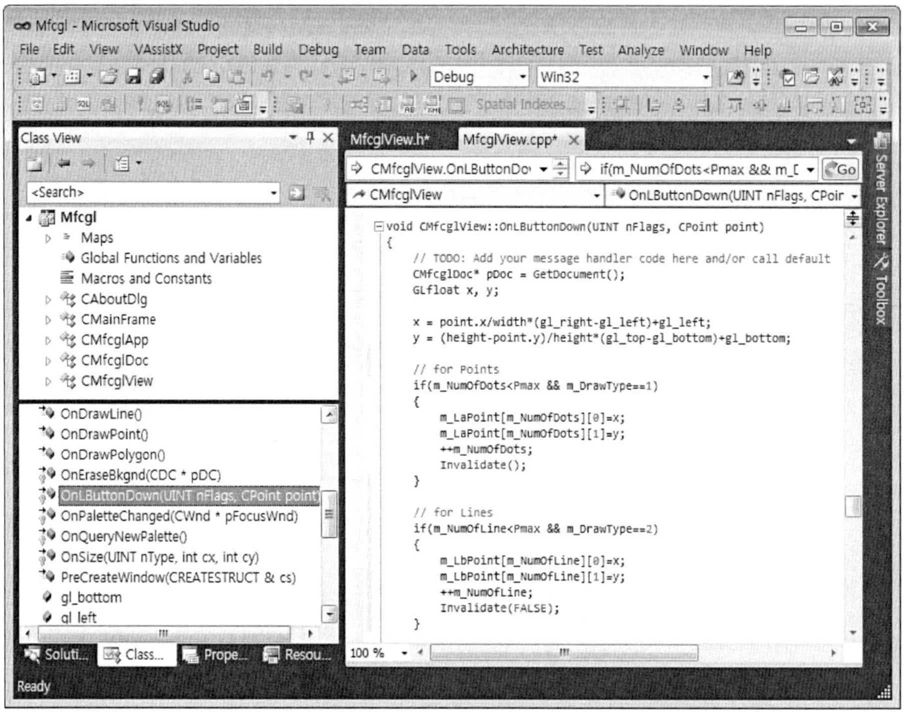

그림 3.3 왼쪽 마우스 클릭 시 선(Line)을 그리기 위한 좌표 전달 함수 구현

```
Invalidate();
```

`Invalidate()`는 윈도우를 다시 그리는 함수이다. 인자를 FALSE로 설정하면 배경색을 제외한 나머지 부분을 다시 그려 주고, TRUE 또는 생략하면 배경색부터 다시 그리게 된다.

(3) 선 그리기 구현하기

일반적으로 임의의 선을 그리기 위해 그림 3.4의 `GLRenderScene()` 함수에 다음을 추가한다.

```
        // for Line
        if(m_NumOfLine>0)
        {
                glLineWidth(2.0f);
                glBegin(GL_LINES);
                for(UINT i=0; i<m_NumOfLine ; i++)
                {
                        glVertex3f(m_LbPoint[i][0],
                                        m_LbPoint[i][1],0.0f);
                }
                glEnd();
        }
```

[Examples]\Chapter03\Mfcgl\MfcglView.cpp

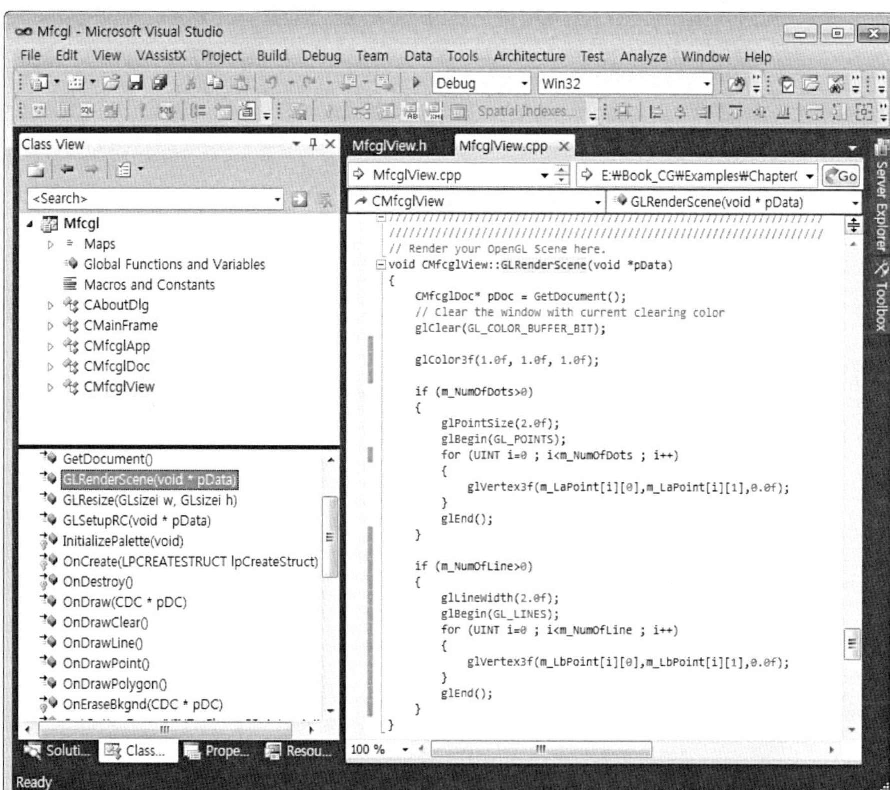

그림 3.4 실제로 선을 그리는 함수 구현

먼저 glBegin() 함수를 이용하여 GL_LINES, GL_LINE_STRIP, GL_LINE_LOOP 등의 선 그리기 형식을 지정하고, glVertex3f() 함수에 선을 그릴 때 기준으로 사용할 좌표를 입력받을 수 있도록 변수를 지정해 준다.

```
void glLineWidth(GLfloat width);
```

glLineWidth() 함수는 그릴 선의 두께를 설정한다. 이 함수는 선과 관련된 모든 기본 요소를 그릴 때 사용되는 두께를 픽셀 단위로 설정한다. 기본적으로 0.5에서 10.0의 선 두께를 지원하며 0.125 단위로 가감시킬 수 있다.

OnDrawClear() 함수에 m_NumOfLine=0을 추가한다.

(4) 실행하기

컴파일하여 실행시키고 선 그리기 버튼을 클릭하여 그림 3.5의 화면에 선을 그려 보자.

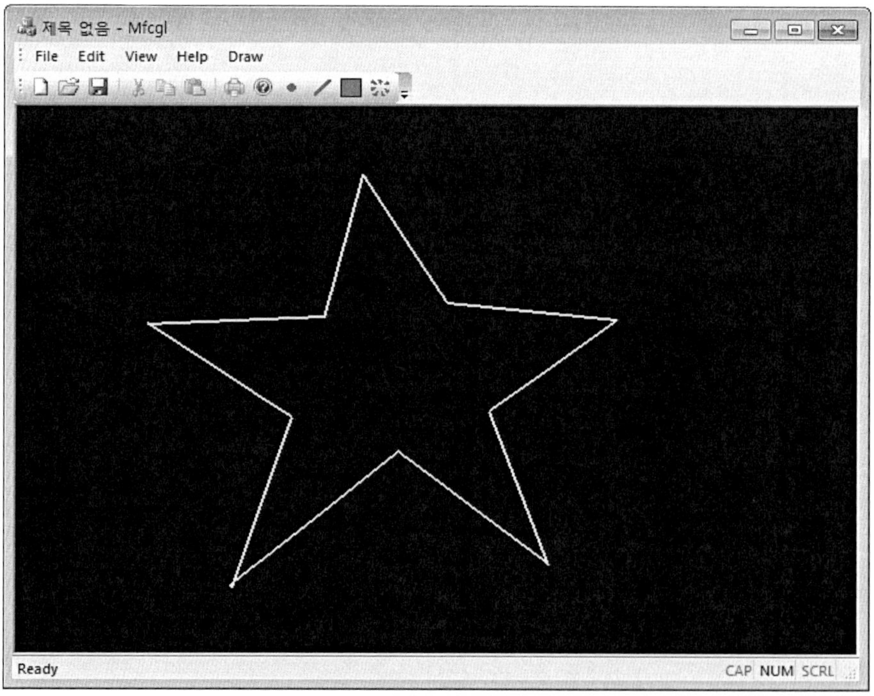

그림 3.5 선 그리기 실행 결과

3.2 도형 그리기

(1) 변수 선언과 초기화하기

도형을 구성하는 선분의 끝 점을 저장하기 위한 배열, m_LcPoint[Pmax][2]와 변수 m_NumOfPoly를 선언하고 **CMfcglView()** 함수에서 0으로 초기화한다.

```
        // GL_POLYGON
        UINT    m_NumOfPoly;
        GLfloat m_LcPoint[Pmax][2];
```

[Examples]\Chapter03\Mfcgl\MfcglView.h

```
CMfcglView::CMfcglView()
{
        m_DrawType=1;

        m_NumOfDots=0;
        m_NumOfLine=0;
        m_NumOfPoly=0;
}
```

[Examples]\Chapter03\Mfcgl\MfcglView.cpp

(2) 도형 그리기 구현하기

그림 3.6의 **OnLButtonDown()** 함수에 다음을 추가한다.

```
// for Polygon
if(m_NumOfPoly<Pmax && m_DrawType==3)
{
        m_LcPoint[m_NumOfPoly][0]=x;
        m_LcPoint[m_NumOfPoly][1]=y;
        ++m_NumOfPoly;
        Invalidate();
}
```

[Examples]\Chapter03\Mfcgl\MfcglView.cpp

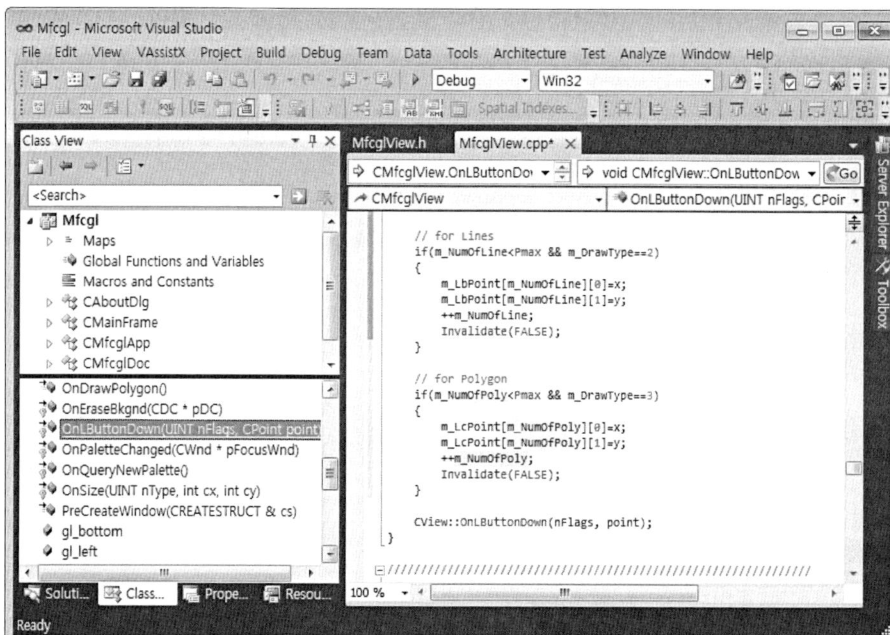

그림 3.6 왼쪽 마우스 클릭 시 면(Polygon)을 그리기 위한 좌표 전달 함수 구현

실제로 면을 그리는 부분은 그림 3.7의 `GLRenderScene()` 함수에 다음을 추가한다.

```
        // for Polygon
        if(m_NumOfPoly>0)
        {
                glLineWidth(2.0f);
                glBegin(GL_POLYGON);
                for(UINT i=0; i<m_NumOfPoly ; i++)
                {
                    glVertex2f(m_LcPoint[i][0],m_LcPoint[i][1]);
                }
                glEnd();
        }
```

[Examples]\Chapter03\Mfcgl\MfcglView.cpp

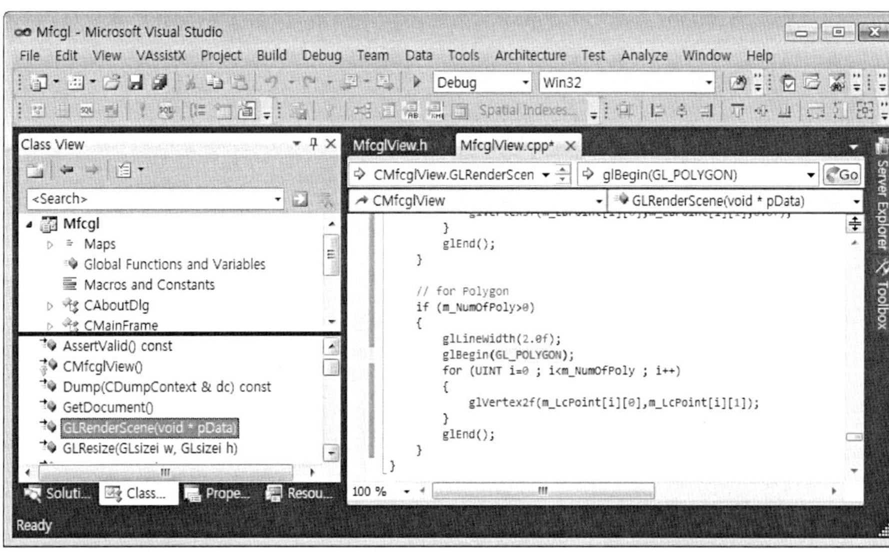

그림 3.7 실제로 면(Polygon)을 그리는 함수 구현

화면 초기화 함수에 면에 대한 변수(m_NumOfPoly)를 초기화하기 위해 그림 3.8처럼 `OnButtonClear()` 함수에 m_NumOfPoly=0을 추가한다.

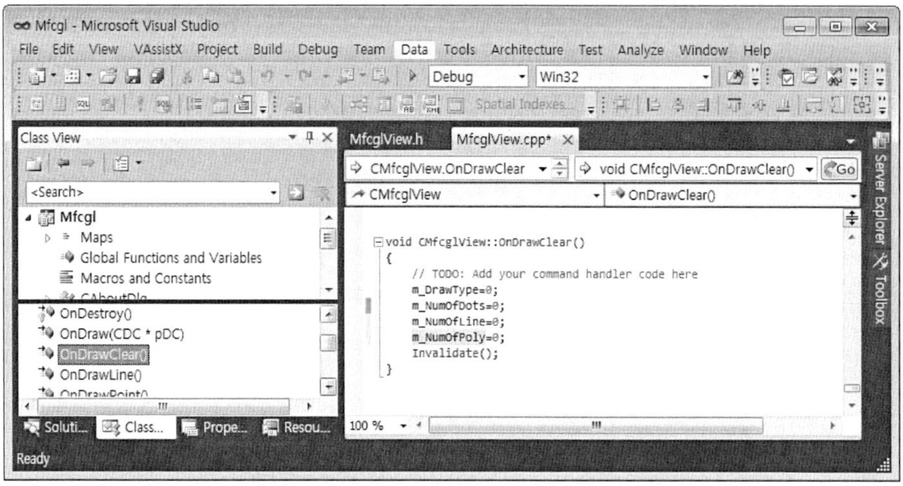

그림 3.8 화면 초기화 함수에 면에 대한 변수(m_NumOfPoly) 초기화

(3) 실행하기

지금까지 추가한 내용을 컴파일한 후 실행시켜서 도형 그리기 메뉴를 선택하고, 윈도우에 임의의 도형을 그림 3.9와 같이 결과를 나타내 보자.

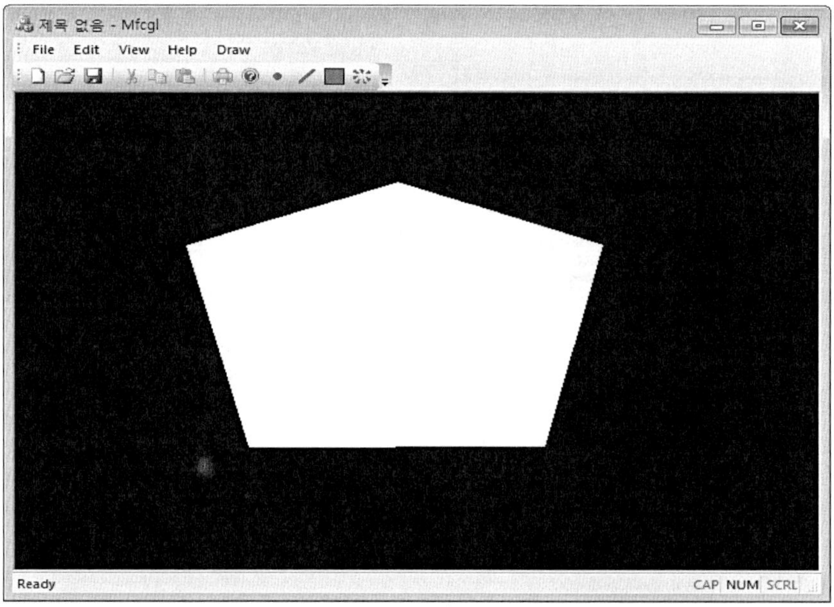

그림 3.9 도형 그리기 실행 결과

정리하기

- m_DrawType 변수는 본 프로그램에서 어떤 역할을 하였는가?
  2장에서 생성한 버튼에 어떻게 그리기 함수를 연결하였는지 다시 한 번 살펴보도록 하자.
- 변수선언과 초기화는 어떻게 수행되었는지 실습내용을 반복하여 숙지하도록 하자.
- 다음의 기능을 수행하는 OpenGL 함수는 무엇인지 생각해 보자.
  1) 선의 두께를 결정하는 함수. (   )
  2) `GL_LINES, GL_LINE_STRIP, GL_LINE_LOOP, GL_POLYGON` 등 그릴 개체의 형식을 지정받을 수 있으며, OpenGL 그리기의 시작을 선언하는 함수.
  (   )
  3) 3차원 좌표 값을 입력받는 함수. (   )

Chapter 04

키보드를 이용한 이동과 회전

학습목표

이 장에서는 키보드의 방향키를 이용하여 윈도우에 생성된 도형을 이동시키거나 회전시키는 상호 작용을 추가한다. 이를 위해서 OpenGL에서 제공하는 이동과 회전 변환의 개념을 이해하고, 키보드 핸들러(handler) 함수의 사용법을 익힌다.

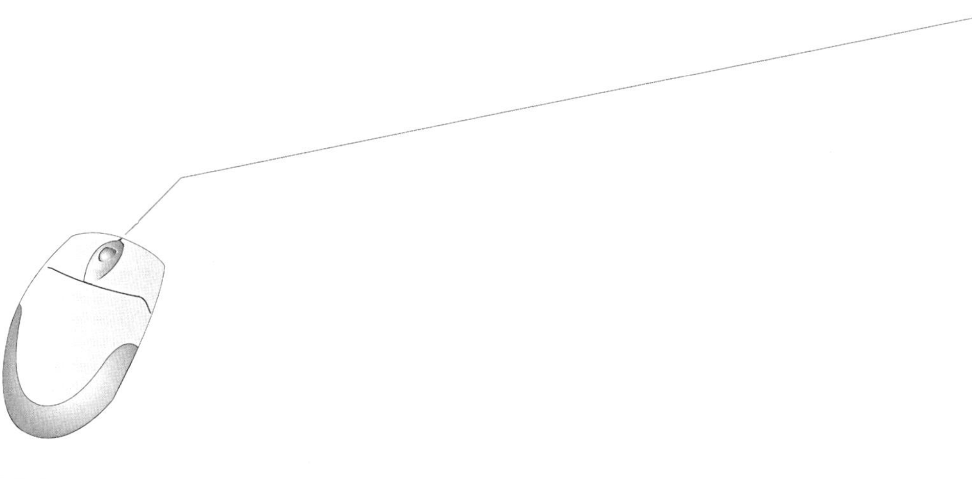

4.1 이동과 회전에 대한 개념 이해

(1) 이동 (Translation)

이동은 회전이나 크기 변화 없이 좌표계의 원점을 기준으로 하는 축을 따라서 평행 이동하는 것이다. 따라서 원래 그림의 모양을 왜곡하거나 변환 없이 물체의 위치가 바뀌게 되는 실행 결과를 얻을 수 있는데, 이를 이동(Translation)이라고 한다. 이동과 관련된 OpenGL 함수는 **glTranslate()**이다.

```
void glTranslated(GLdouble x, GLdouble  y, GLdouble z);
void glTranslatef(GLfloat  x, GLfloat   y, GLfloat  z);
```

각 인수는 X, Y, Z축으로 이동하는 값을 나타내며, glTranslate() 함수 마지막의 ~d는 GLdouble형, ~f는 GLfloat형의 인자를 의미한다.

(2) 회전 (Rotation)

회전은 좌표계의 원점을 통과하는 하나의 축을 중심으로 주어진 각 만큼 도형을 회전하는 것이다. 이를 회전이라고 하며 관련된 OpenGL 함수는 **glRotate()**이다.

```
void glRotated(GLdouble angle, GLdouble x, GLdouble y, GLdouble z);
void glRotatef(GLfloat  angle, GLfloat  x, GLfloat  y, GLfloat  z);
```

glRotate() 함수에서 angle은 회전시킬 각도를 나타내며, 나머지 각 인자는 회전의 축이 되는 X, Y, Z 방향 벡터를 나타낸다. 일반적으로 회전은 반시계 방향을 기준으로 이루어진다.

4.2 이동과 회전 구현

(1) 메뉴 만들기

Resource View를 클릭하고 그림 4.1의 Menu 폴더 아래의 IDR_MAINFRAME을 더블 클릭 하면 메뉴 바가 나타난다. 앞 장에서 만든 Draw 메뉴 옆에 보이는 빈칸을 클릭한 후 메뉴 속성 창의 캡션 칸에 'Transform'으로 기입하여 메뉴를 추가한다.

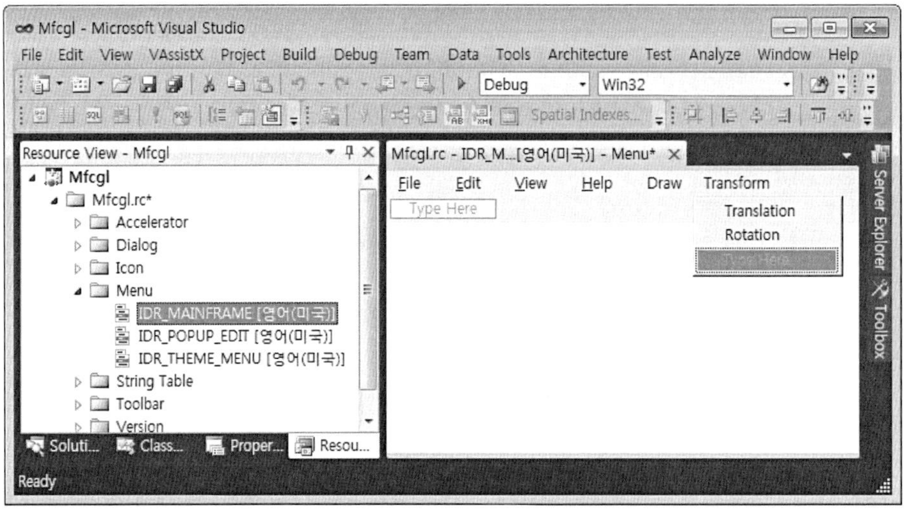

그림 4.1 이동과 회전을 위한 메뉴생성

이제 Transform 아래의 빈 메뉴를 더블 클릭하여 그림 4.1과 같이 Translation과 Rotation 메뉴를 추가한다. 이때 각 메뉴의 캡션과 ID는 다음과 같이 설정한다.

Translation 〉	Rotation 〉
Caption: Translation	Caption: Rotation
ID: ID_BUTTON_MOVE	ID: ID_BUTTON_ROTA

메뉴 바에 추가한 메뉴들을 툴바에도 만들어 넣자. 그림 4.2와 같이 툴바의 오른쪽 빈칸에 원하는 모양을 그려 넣고, 메뉴의 Translation 및 Rotation 메뉴와 같은 ID

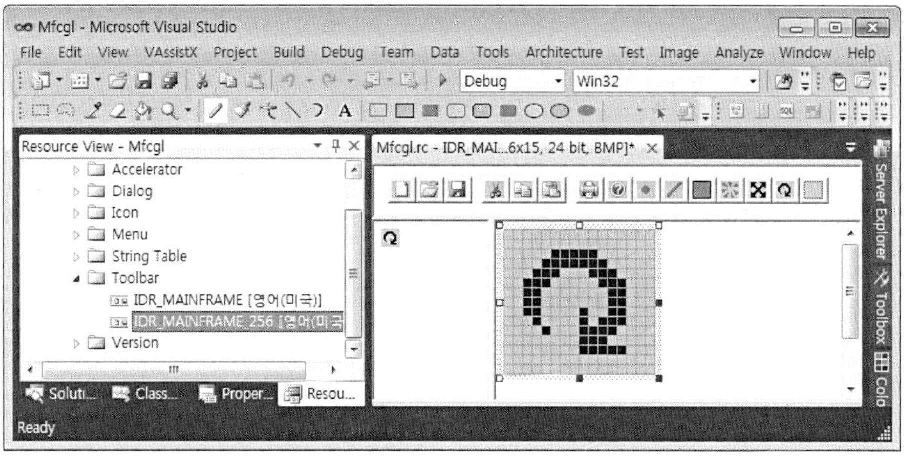

그림 4.2 이동과 회전을 위한 버튼생성

를 부여한다.

이제 MFC Class Wizard를 실행하여 `ID_BUTTON_MOVE`와 `ID_BUTTON_ROTA`에 대한 함수를 각각 `OnTransformTranslation()`과 `OnTransformRotation()` 함수를 추가한다. 그리고 각 함수로 이동하여 다음과 같이 변수를 초기화하면 그림 4.3과 같이 나타날 것이다.

```
void CMfcglView::OnTransformTranslation()
{
        // TODO: Add your command handler code here
        m_DrawType=4;
        b_Trans=true;
}


void CMfcglView::OnTransformRotation()
{
        // TODO: Add your command handler code here
        m_DrawType=5;
        b_Trans=false;
}
```

[Examples]\Chapter04\Mfcgl\MfcglView.cpp

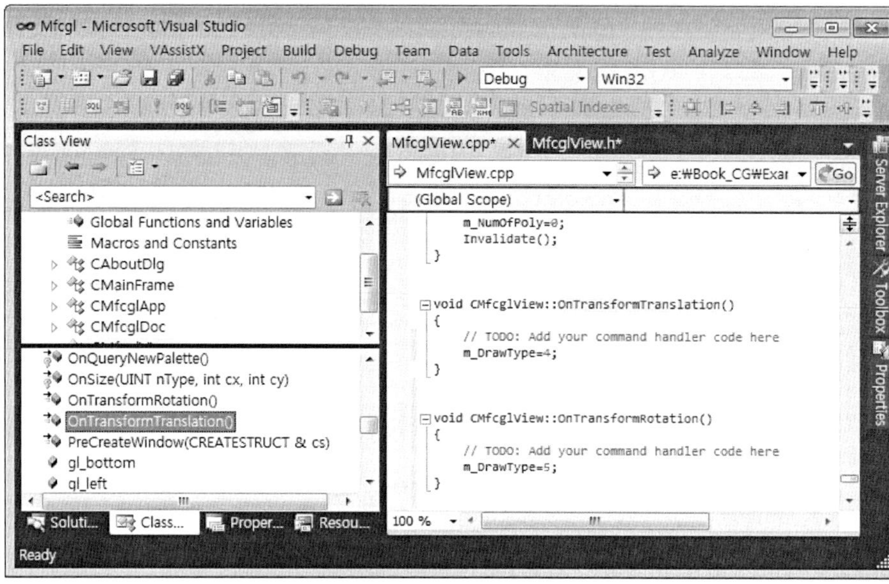

그림 4.3 이동과 회전 변수 초기화

(2) 변수 선언과 초기화하기

이동과 회전 변환을 실행하기 위해서 필요한 변수들을 선언하자.

Translation을 위한 변수로 GLfloat 타입의 (m_xPos, m_yPos)를, Rotation을 위한 변수로 GLfloat 타입의 (m_xRot, m_yRot)를 각각 선언한다. 그리고 Translation과 Rotation 상태를 구분하기 위한 변수를 부울(bool) 타입으로 b_Trans라고 선언한다.

```
        // for Translation
        GLfloat m_xPos;
        GLfloat m_yPos;

        // for Rotation
        GLfloat m_xRot;
        GLfloat m_yRot;

        bool b_Trans;
```

[Examples]\Chapter04\Mfcgl\MfcglView.h

- b_Trans

  Translation과 Rotation 기능을 구분하는 역할이다. true이면 (m_xPos, m_yPos)가 방향키에 대해 한 번 누를 때마다 5.0도씩 변하게 되어 장면을 이동시킨다. false이면 (m_xRot, m_yRot)가 방향키에 대해 한 번 누를 때마다 5.0도씩 변하게 되어 장면이 회전하게 된다.

선언한 변수들에 대해 `CMfcglView()`에서 다음과 같이 초기화한다. 아래의 내용을 실행한 화면은 그림 4.4에 나타나 있다.

```
CMfcglView::CMfcglView()
{
        m_DrawType=1;

        m_NumOfDots=0;
        m_NumOfLine=0;
        m_NumOfPoly=0;

        m_xPos=0;
        m_yPos=0;
        m_xRot=0;
        m_yRot=0;
        b_Trans=false;
}
```

[Examples]\Chapter04\Mfcgl\MfcglView.cpp

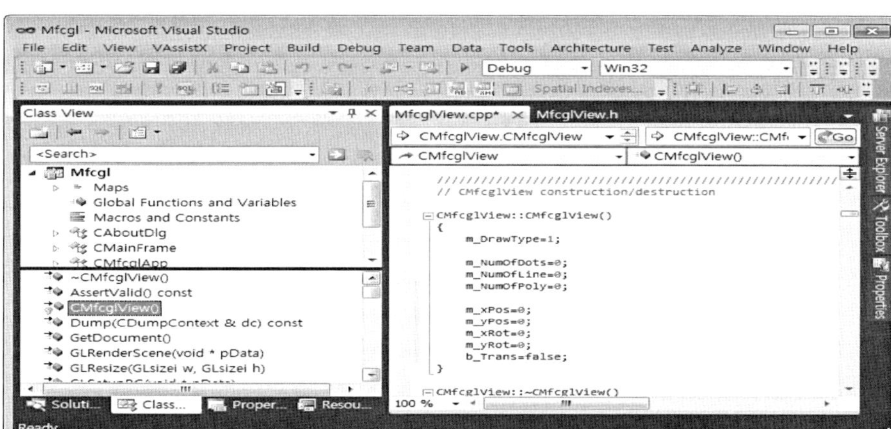

그림 4.4 변수 선언과 초기화

(3) 키보드 명령을 위한 핸들러 함수 추가하기

Class View에서 CMfcglView 클래스를 클릭하여 선택하고 마우스 오른쪽 버튼을 클릭하면, 그림 4.5와 같이 메뉴가 나타난다. 여기에서 Class Wizard를 선택한다.

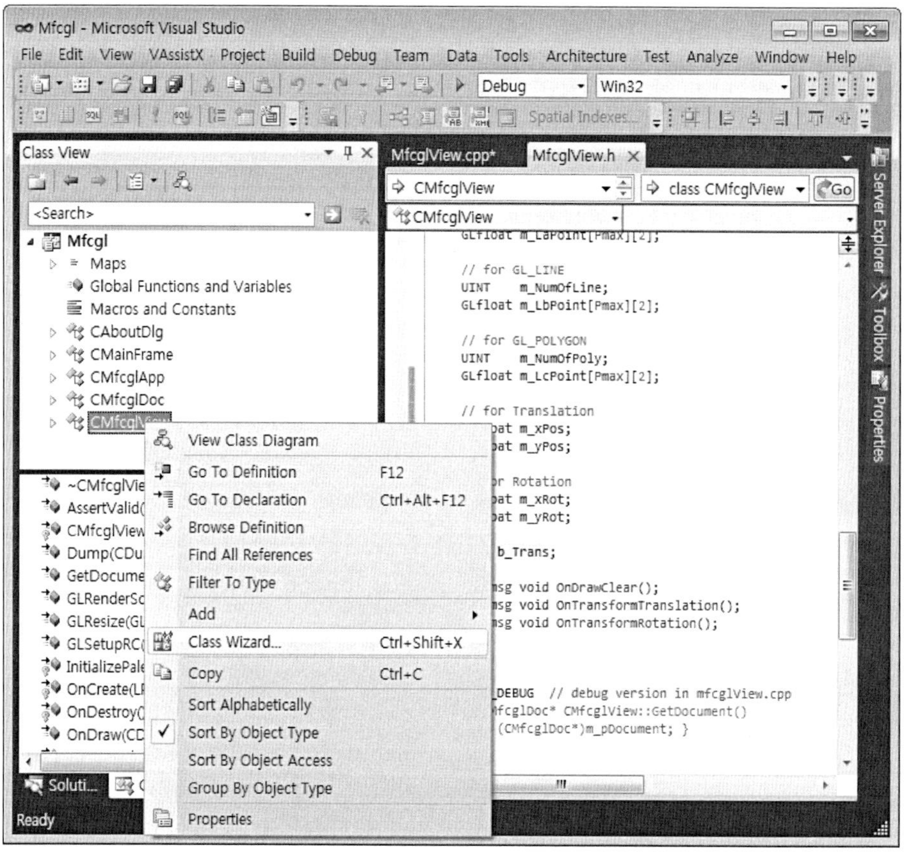

그림 4.5 Class View 탭에서 클래스 마법사(Class Wizard) 열기

그림 4.6과 같이 MFC Class Wizard에서 윈도우 메시지(message)와 핸들러(handler)를 추가하는 속성 창이 나타나면 Message에서 WM_KEYDOWN을 선택하고, Existing handlers에서 OnKeyDown을 선택한 후, [Add handler] 버튼을 클릭한다.

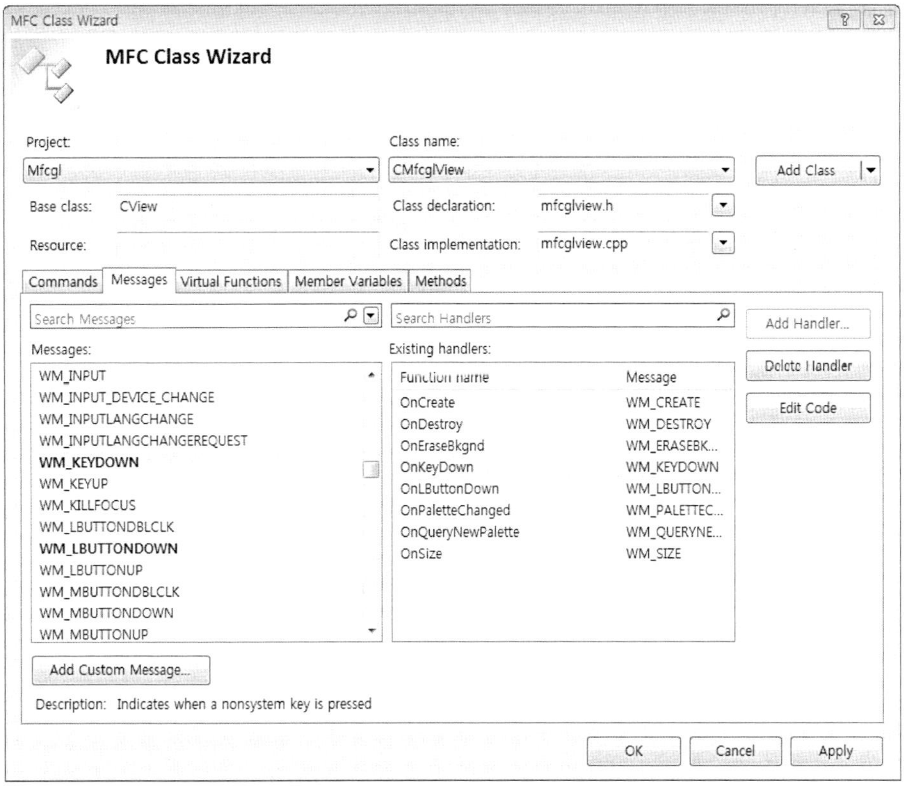

그림 4.6 OnKeyDown() 함수에 대한 윈도우 핸들러(WM_KEYDOWN) 추가하기

추가가 완료되었으면 OnKeyDown() 함수를 선택하고, [Edit Code] 버튼을 눌러 다음의 코드를 작성한다. 구현한 결과 화면은 그림 4.7과 같다.

```
void CMfcglView::OnKeyDown(UINT nChar, UINT nRepCnt, UINT nFlags)
{
     // TODO: Add your message handler code here and/or call default

     CView::OnKeyDown(nChar, nRepCnt, nFlags);
     switch(nChar)
     {
     case VK_UP:         if(b_Trans) m_yPos +=5.0f;
```

```
                                else        m_xRot -=5.0f;
                                break;
        case VK_DOWN:           if(b_Trans) m_yPos -=5.0f;
                                else        m_xRot +=5.0f;
                                break;
        case VK_LEFT:           if(b_Trans) m_xPos -=5.0f;
                                else        m_yRot -=5.0f;
                                break;
        case VK_RIGHT:          if(b_Trans) m_xPos +=5.0f;
                                else        m_yRot +=5.0f;
                                break;
        }
        CView::OnKeyDown(nChar, nRepCnt, nFlags);
        InvalidateRect(NULL,FALSE);
}
```

[Examples]\Chapter04\Mfcgl\MfcglView.cpp

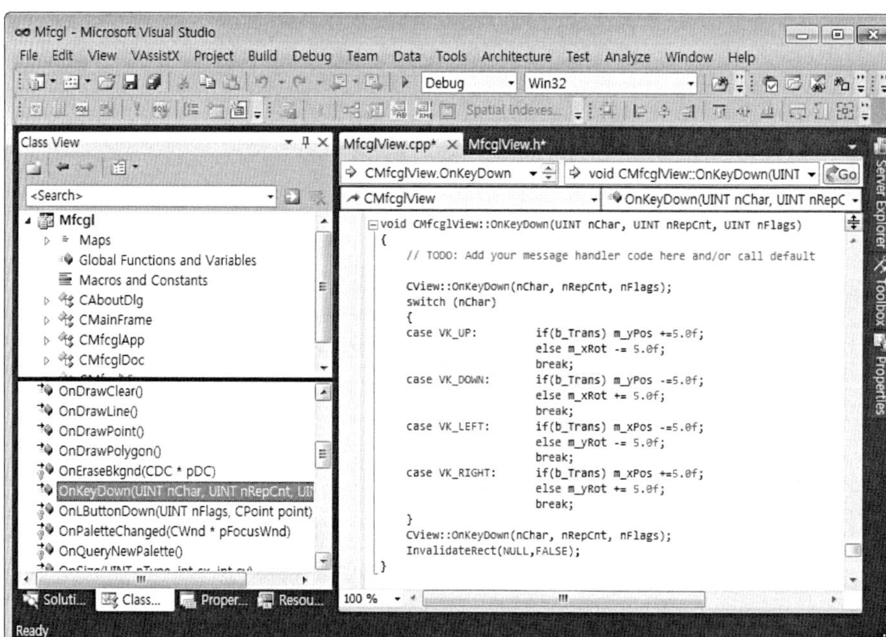

그림 4.7 OnKeyDown() 함수 구현

(4) 이동함수 구현하기

CMfcglView 클래스에 새로운 함수인 Trans()를 그림 4.8처럼 아래의 내용을 추가하고 확인해 보자.

```
void CMfcglView::Trans(void)
{
        glLoadIdentity();

        if(m_DrawType==4)
        {
                glTranslatef(m_xPos,m_yPos,0.0f);
        }
        else
        {
                glRotatef(m_xRot,1.0f,0.0f,0.0f);
                glRotatef(m_yRot,0.0f,1.0f,0.0f);
        }
}
```

[Examples]\Chapter04\Mfcgl\MfcglView.cpp

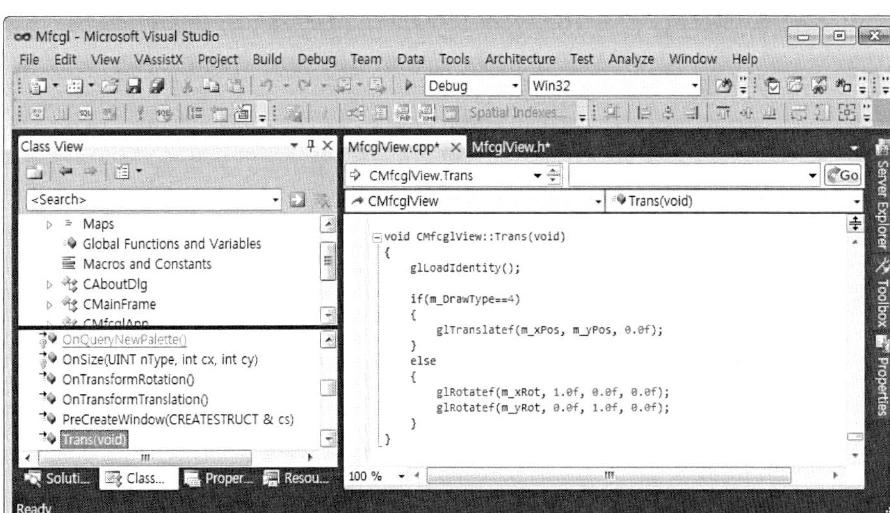

그림 4.8 Trans() 함수 구현

```
glLoadIdentity();
```

이 함수는 현재 변환 행렬을 주어진 단위행렬로 바꾼다.

```
glTranslatef(m_xPos,m_yPos,0.0f);
```

m_xPos, m_yPos 변수에 따라 이동시키게 한다.

```
glRotatef(m_xRot,1.0f,0.0f,0.0f);
```

m_xRot는 회전각을 나타내며 회전축 벡터가 (1.0f, 0.0f, 0.0f)로 주어졌으므로 x축을 중심으로 회전한다.

```
glRotatef(m_yRot,0.0f,1.0f,0.0f);
```

m_yRot는 회전각을 나타내며 회전축 벡터가 (0.0f, 1.0f, 0.0f)로 주어졌으므로 y축을 중심으로 회전한다.

이제 `OnTransformTranslation()`와 `OnTransformRotation()` 함수로 이동하여(그림 4.9), b_Trans를 각각 `true`와 `false`로 각각 할당한다.

```
void CMfcglView::OnTransformTranslation()
{
        // TODO: Add your command handler code here
        m_DrawType=4;
        b_Trans=true;
}


void CMfcglView::OnTransformRotation()
{
        // TODO: Add your command handler code here
        m_DrawType=5;
```

```
            b_Trans=false;
}
```

[Examples]\Chapter04\Mfcgl\MfcglView.cpp

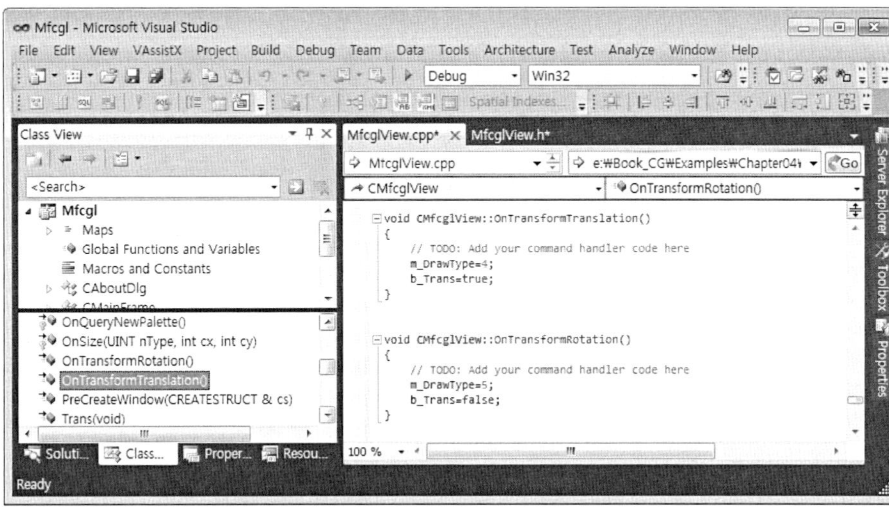

그림 4.9 OnTransformTranslation()와 OnTransformRotation() 함수 구현

GLRenderScene() 함수에 그림 4.10과 같이 Trans() 함수를 호출하도록 한다.

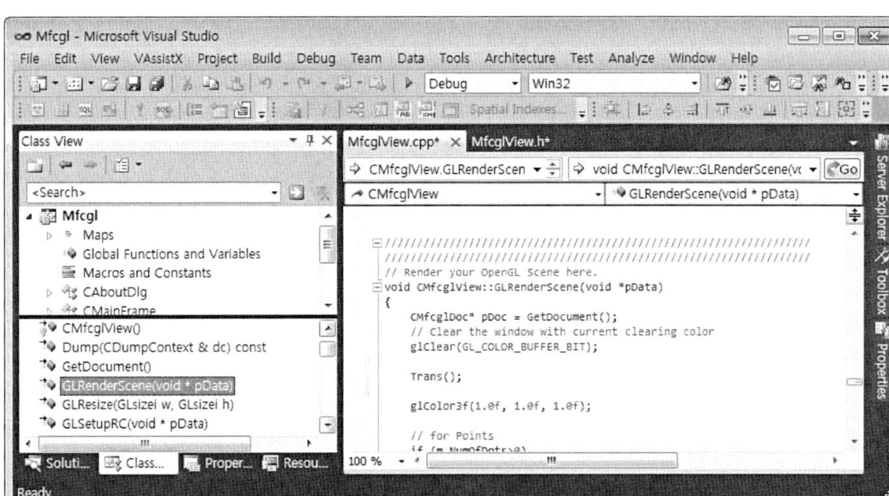

그림 4.10 이동과 회전을 실행하기 위한 Trans() 함수 호출

(5) 원래 좌표로 돌아오기

이동과 회전을 수행한 후에 원래의 위치로 돌아오기 위해서 OnDrawPoint(), OnDrawLine(), OnDrawPolygon(), OnDrawClear() 함수에 다음과 같이 변수들을 0으로 초기화하고, Invalidate()함수를 호출하여 다시 렌더링하도록 한다. 위의 과정을 직접 프로그램하는 과정이 그림 4.11에 나타나 있다.

```
void CMfcglView::OnDrawPoint()
{
        // TODO: Add your command handler code here
        m_DrawType =1;
        m_xPos=0;
        m_yPos=0;
        m_xRot=0;
        m_yRot=0;
        Invalidate();
}


void CMfcglView::OnDrawLine()
{
        // TODO: Add your command handler code here
        m_DrawType =2;
        m_xPos=0;
        m_yPos=0;
        m_xRot=0;
        m_yRot=0;
        Invalidate();
}


void CMfcglView::OnDrawPolygon()
{
        // TODO: Add your command handler code here
        m_DrawType =3;
        m_xPos=0;
        m_yPos=0;
        m_xRot=0;
```

```
        m_yRot=0;
        Invalidate();
}


void CMfcglView::OnDrawClear()
{
        // TODO: Add your command handler code here
        m_DrawType=0;
        m_NumOfDots=0;
        m_NumOfLine=0;
        m_NumOfPoly=0;
        Invalidate();
}
```

[Examples]\Chapter04\Mfcgl\MfcglView.cpp

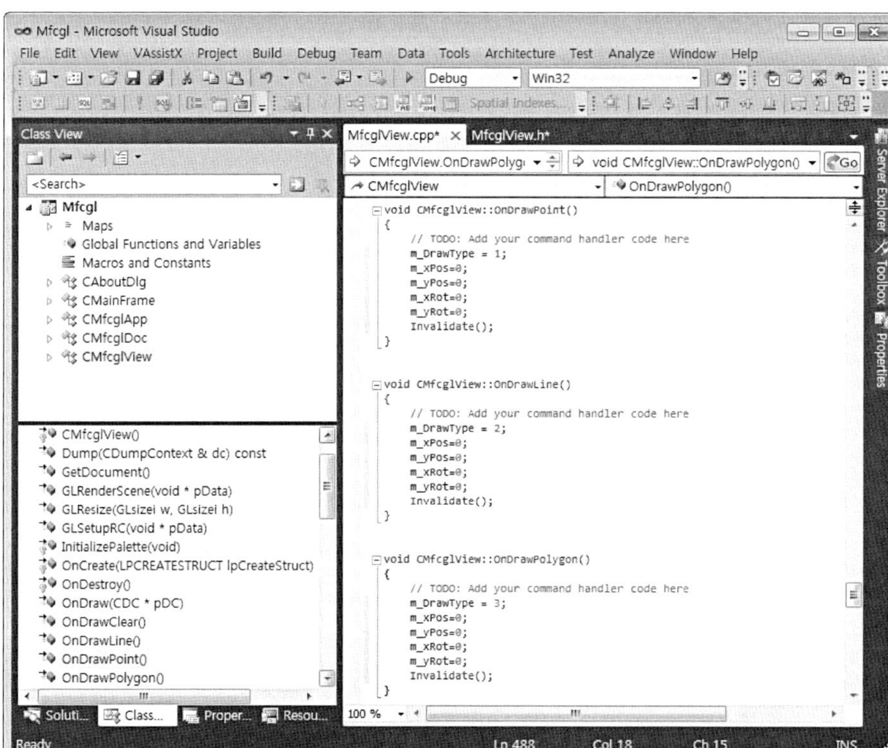

그림 4.11 원래 좌표로 돌아오기 위한 변수 초기화

(6) 실행하기

프로그램을 실행하여 점, 선, 면을 이용하여 임의의 그림을 그림 4.12와 같이 그리고, 이동과 회전을 수행하여 그 결과를 각각 그림 4.13과 4.14에서 확인해 보자.

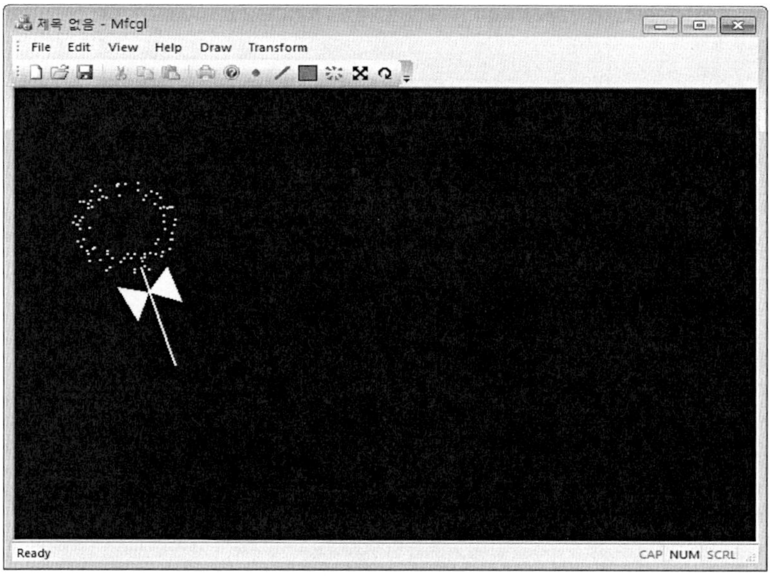

그림 4.12 최초에 점, 선, 면으로 그려진 객체

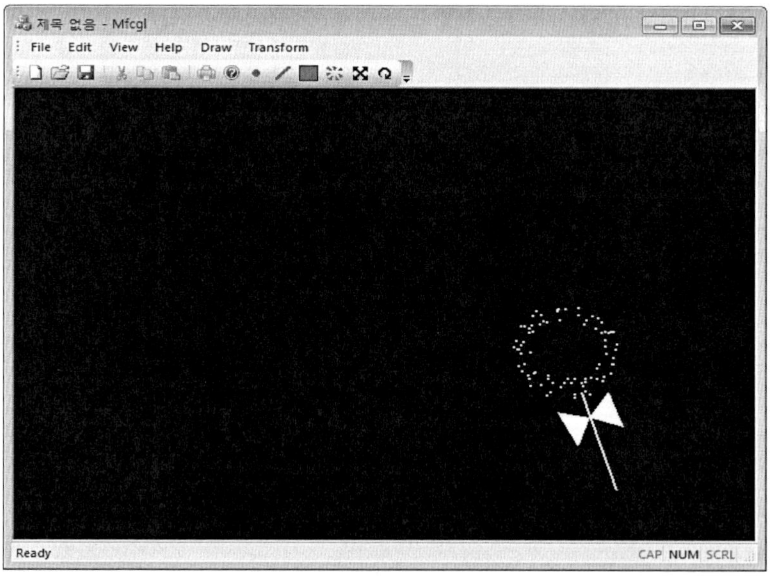

그림 4.13 Translation 버튼을 누른 후, 객체의 이동을 수행한 결과

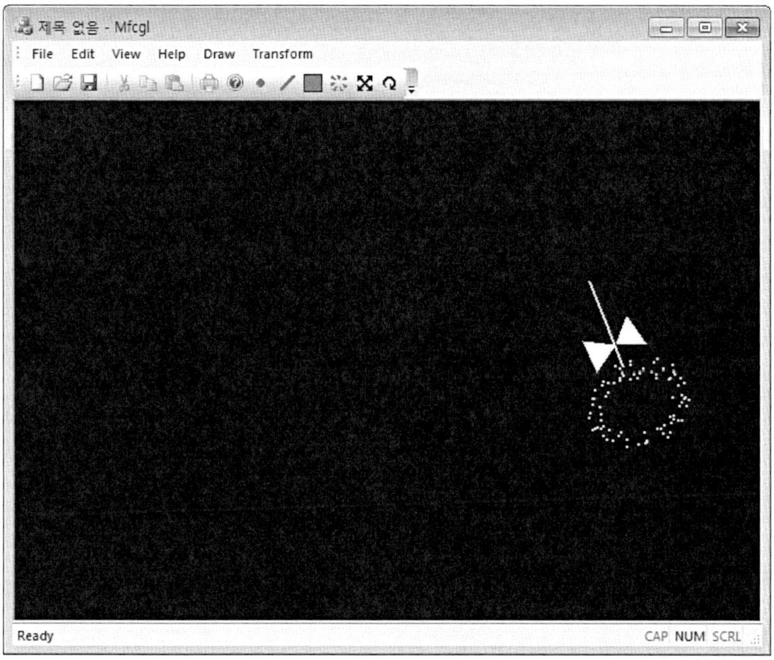

그림 4.14 Rotation 버튼을 누른 후, 객체의 회전을 수행한 결과

정리하기

- Class Wizard를 이용하여 핸들러 함수를 추가하는 과정을 잘 숙지하도록 하자.
- true/false 옵션으로 이루어진 변수 타입은 무엇인가? (   )
- 다음의 기능을 수행하는 OpenGL 함수는 무엇인가?

  1) 이동(translation)을 담당하는 함수. (   )
  2) 회전(rotation)을 담당하는 함수. (   )

Chapter 05

마우스를 이용한 이동과 회전

학습목표

이 장에서는 마우스를 이용하여 OpenGL로 그려진 도형을 이동하거나 회전하도록 하는 방법을 배우게 된다. 마우스의 왼쪽, 오른쪽 버튼의 상태에 따라(Down/Up/Move) 각각의 상태에 특정한 기능을 부여할 수 있다. 이제 OpenGL에서의 이동과 회전을 구현해 보자.

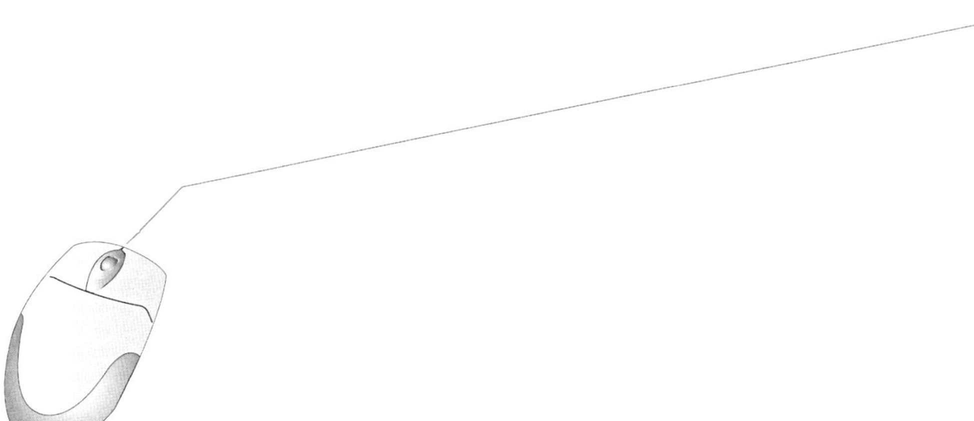

5.1 마우스를 이용한 이동 구현하기

(1) 변수 선언과 초기화하기

CMfcglView 클래스에 마우스의 이동 상태를 위한 전달하기 위한 멤버 변수를 다음과 같이 선언하자. 아래 소스 코드와 같이 CMfcglView 클래스의 헤더파일에 직접 코딩을 해도 좋고, 그림 5.1과 같이 VS2010의 클래스 멤버 추가 마법사를 이용하여도 된다.

```
083:        bool b_Mmove;
084:        GLfloat move_x, move_y, m_x, m_y, premove_x, premove_y;
```

[Examples]\Chapter05\Mfcgl\MfcglView.h

VS2010의 클래스 멤버 추가 마법사를 이용하여 멤버 변수를 추가하려면 VS2010 화면 좌측의 Class View 탭에서 CMfcglView 클래스를 선택한 후, 오른쪽 마우스 버튼을 클릭하여 Add 〉 Add Variable을 선택한다. 이어서 나타나는 멤버 변수 추가 대화창에서 변수 타입과 이름을 입력하자.

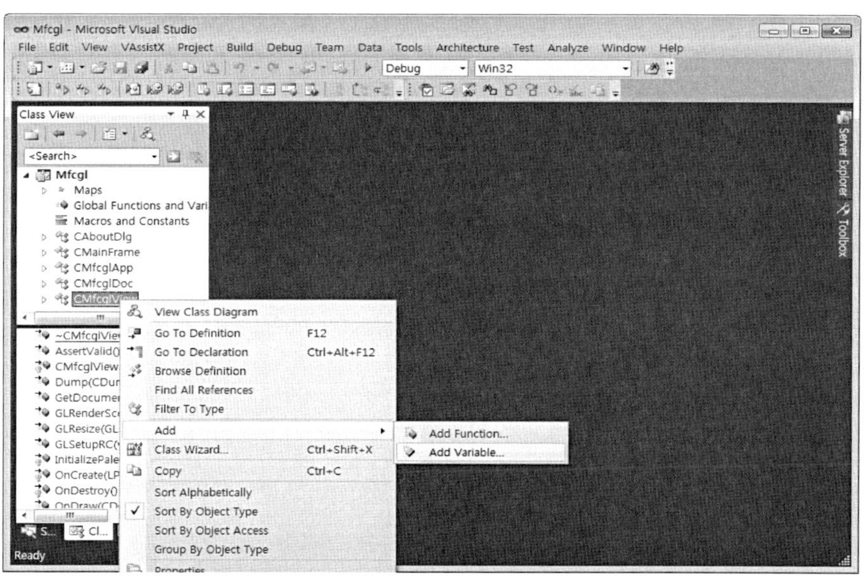

그림 5.1 멤버 변수 추가하기

이제 새로 선언된 변수를 초기화하기 위해서 CMfcglView()에서 다음과 같이 코드를 작성한다.

```
        b_Mmove=false;

        move_x=move_y=m_x=m_y=premove_x=premove_y=0;
```

[Examples]\Chapter05\Mfcgl\MfcglView.cpp

다음으로 윈도우 API로부터 현재 마우스의 좌표를 받아오기 위해 OnLButtonDown() 함수에 다음의 코드를 추가한다. 그림 5.2는 마우스의 좌표 값을 받는 예를 설명한 것이다.

```
        // for Translation
        if(m_DrawType==4)
        {
                m_x = x;
                m_y = y;
                b_Mmove=true;
                Invalidate();
        }
```

[Examples]\Chapter05\Mfcgl\MfcglView.cpp

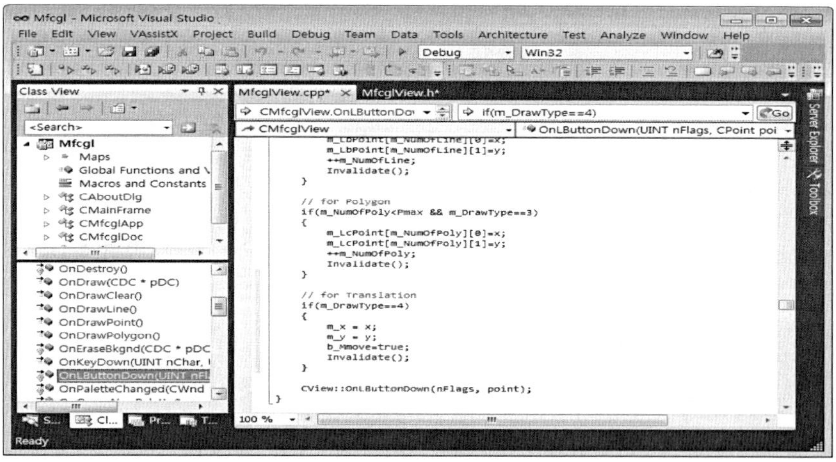

그림 5.2 마우스 좌표를 받아오기 위한 OnLButtonDown() 함수에 추가된 코드 예제

(2) 마우스 핸들러 함수 추가하기

이동을 위한 마우스 상태는 '클릭'과 '클릭해제'로 이루어지며(이때의 마우스 상태는 주로 Up/Down으로 표현한다), 앞 절에서는 마우스를 클릭했을 때(Down)의 좌표를 받아오도록 하였다. 다음으로 마우스 왼쪽 버튼이 클릭해제 되었을 때(Up)의 동작을 추가하기 위한 핸들러 함수를 생성한다. 이를 위해, 단축키 Ctrl+Shift+X를 눌러서 클래스 마법사(Class Wizard)를 실행시키고 그림 5.3과 같이 WM_LBUTTONUP을 선택하고 Add Handler 버튼을 클릭한다. 소스 코드를 수정하기 위해 Edit Code 버튼을 클릭하면 곧바로 해당 소스 코드를 편집히는 에디디 화면으로 이동한다.

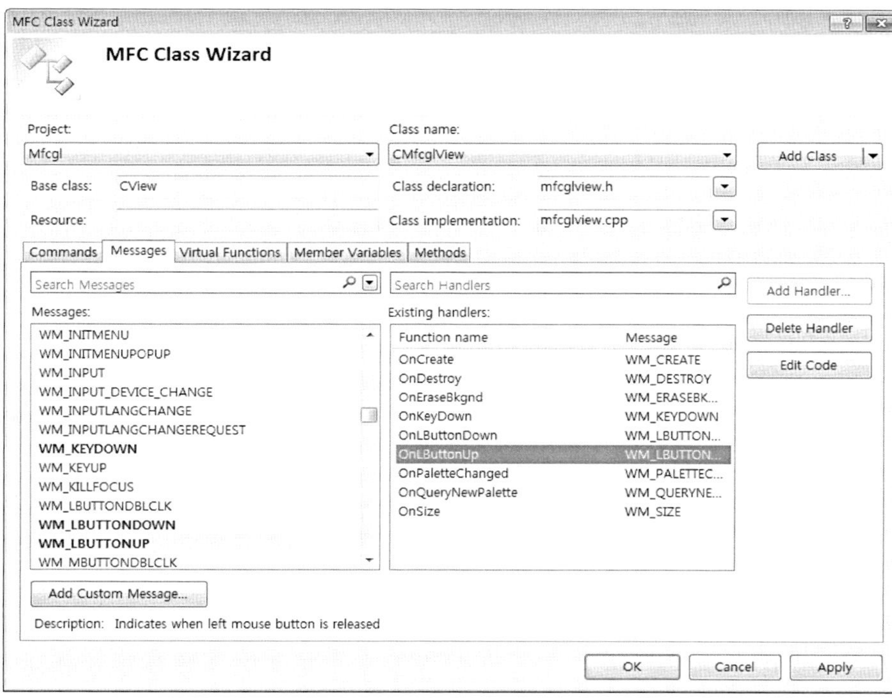

그림 5.3 클래스 위저드(Class Wizard)를 이용한 마우스 이벤트 핸들러 추가하기

`OnLButtonUp()` 함수에서 다음과 같이 코드를 작성한다.

```
void CMfcglView::OnLButtonUp(UINT nFlags, CPoint point)
{
```

```
        // TODO: Add your message handler code here and/or call
           default
        premove_x=move_x;
        premove_y=move_y;
        b_Mmove=false;

        CView::OnLButtonUp(nFlags, point);
}
```

[Examples]\Chapter05\Mfcgl\MfcglView.cpp

이제 마우스가 움직일 때의 위치변화를 계산하는 핸들러 함수를 구현해 보자. 이는 앞서 마우스 버튼을 클릭했을 때의 상태를 전달하기 위해 핸들러를 추가한 과정과 동일한 과정으로 추가할 수 있다. 이해를 돕기 위해 그림 5.4에서 설명한 과정을 참고하여 다시 한 번 따라해 보고, 이 과정이 자연스러워질 수 있도록 숙지하도록 하자.

Class Wizard를 실행시킨 후 WM_MOUSEMOVE를 선택하고 Add Handler 버튼을 클릭한다.

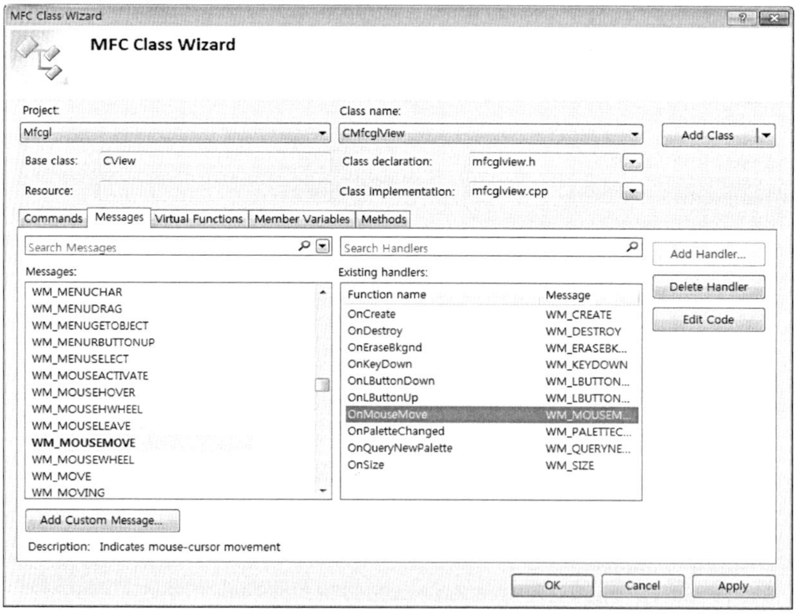

그림 5.4 마우스 이동 상태를 계산하기 위한 이벤트 핸들러 추가하기

그 후 Edit Code 버튼을 클릭하여 OnMouseMove() 함수에 다음과 같이 코드를 작성하고 이를 그림 5.5에서 확인해 본다.

```
void CMfcglView::OnMouseMove(UINT nFlags, CPoint point)
{
    // TODO: Add your message handler code here and/or call default
    if(m_DrawType==4)
    {
        if( b_Mmove)
        {
            GLfloat x, y;
            x=point.x/width*(gl_right-gl_left)+gl_left;
            y=(height-point.y)/height*(gl_top-gl_bottom)+gl_bottom;
            move_x=premove_x+x-m_x;
            move_y=premove_y+y-m_y;
            Invalidate();
        }
    }

    if(GetCapture()==this)
    {
        //Increment the object rotation angles
        m_xAngle+=(point.y-m_MouseDPoint.y)/3.6f;
        m_yAngle+=(point.x-m_MouseDPoint.x)/3.6f;

        //Redraw the view
        InvalidateRect(NULL,FALSE);

        //Set the mouse point
        m_MouseDPoint=point;
    }

    CView::OnMouseMove(nFlags, point);
}
```

[Examples]\Chapter05\Mfcgl\MfcglView.cpp

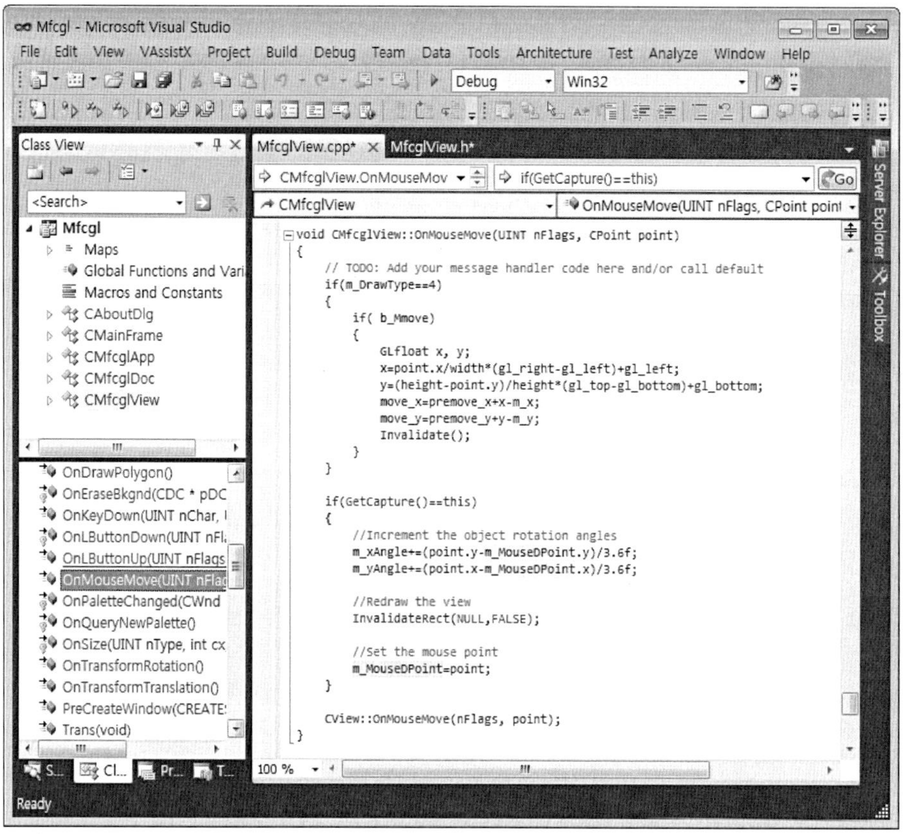

그림 5.5 마우스 이동 상태를 계산하기 위한 함수 구현 부분 예제

5.2 마우스를 이용한 회전 구현하기

(1) 변수 선언과 초기화하기

마우스를 이용한 OpenGL 객체의 회전을 구현하기 위해서는 마우스 오른쪽 버튼을 클릭한 상태에서 이동한 거리를 OpenGL의 회전 변환 함수에 전달하는 과정이 필요하다. 본 절에서는 회전을 위한 마우스 상태 전달함수를 등록하는 과정과 회전을 위한 소스 코드를 추가하여 회전을 구현하는 과정을 소개한다. 회전 변환에 사용

될 값을 저장하기 위한 변수를 다음과 같이 선언한다.

```
        GLfloat m_yAngle, m_xAngle;
        CPoint  m_MouseDPoint;
```

[Examples]\Chapter05\Mfcgl\MfcglView.h

이제 새로 선언된 변수를 초기화하기 위해서 `CMfcglView()`에서 다음과 같이 변수를 추가한다.

```
        m_yAngle=m_xAngle=0;
```

[Examples]\Chapter05\Mfcgl\MfcglView.cpp

(2) 마우스 핸들러 함수 추가하기

마우스 오른쪽 버튼이 눌려졌을 때의 동작을 정의하는 핸들러 함수를 추가한다. 그림 5.6의 Class Wizard에서 WM_RBUTTONDOWN을 선택하고 Add and Edit를 클릭하여 `OnRButtonDown()` 함수를 추가한다. 그리고 도형을 회전시키는 코드를 다음과 같이 작성한다.

```
void CMfcglView::OnRButtonDown(UINT nFlags, CPoint point)
{
        // TODO: Add your message handler code here and/or call
           default
        m_MouseDPoint=point;
        SetCapture();

        CView::OnRButtonDown(nFlags, point);
}
```

[Examples]\Chapter05\Mfcgl\MfcglView.cpp

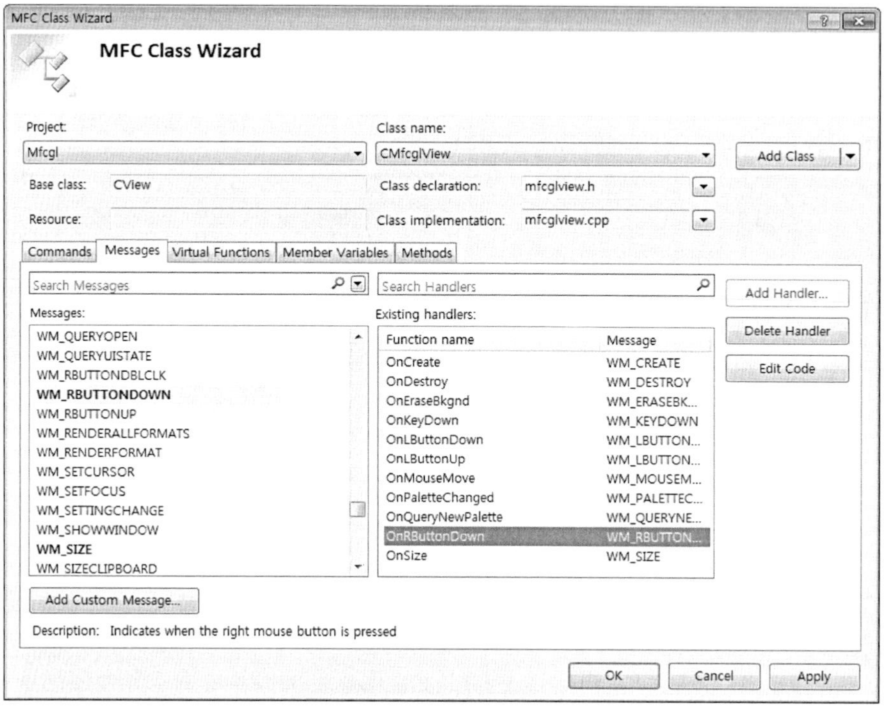

그림 5.6 WM_RBUTTONDOWN 구현 부분 예제

유사한 방법으로 그림 5.7과 같이 Class Wizard를 실행하고 WM_RBUTTONUP을 선택하여 마우스 오른쪽 버튼이 해제되었을 때의 동작을 정의하는 `OnRButtonUp()` 함수를 추가하고, 다음과 같이 작성한다. 위의 구현 코드를 그림 5.8에서 확인할 수 있다.

```
void CMfcglView::OnRButtonUp(UINT nFlags, CPoint point)
{
        // TODO: Add your message handler code here and/or call default
         m_MouseDPoint=CPoint(0,0);
         ReleaseCapture();

         CView::OnRButtonUp(nFlags, point);
}
```

[Examples]\Chapter05\Mfcgl\MfcglView.cpp

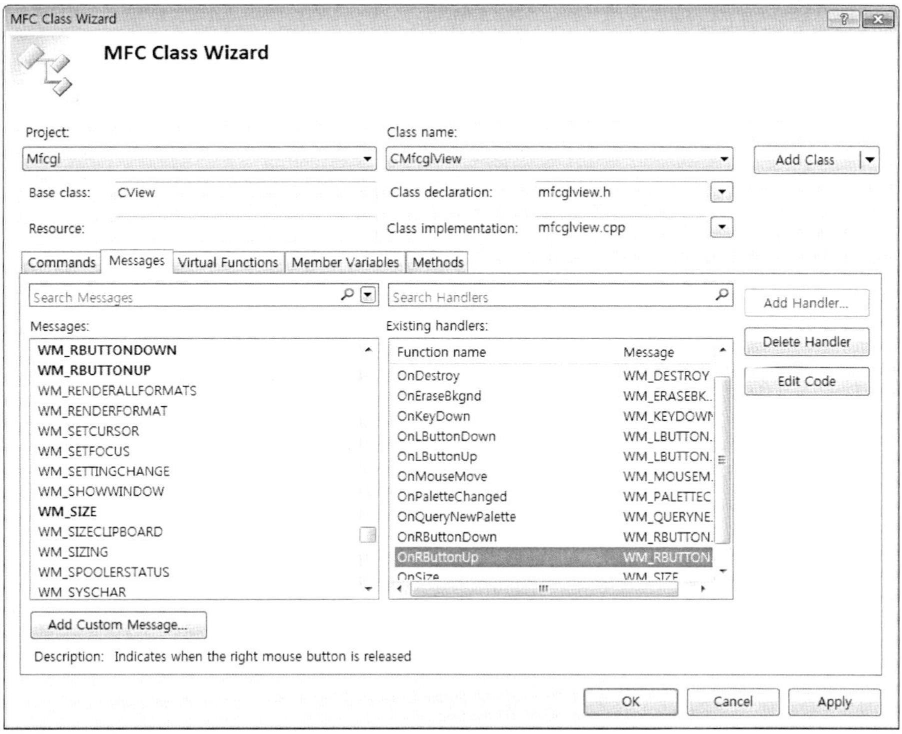

그림 5.7 WM_RBUTTONUP 구현 부분 예제

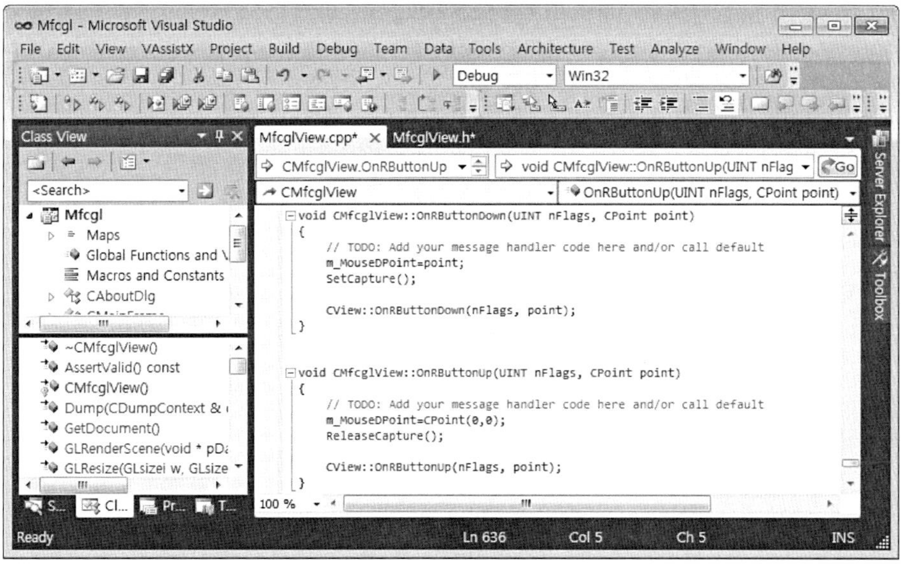

그림 5.8 OnRButtonDown()과 OnRButtonUp() 함수를 구현한 화면

이제 Trans() 함수로 이동하여 다음과 같이 수정한다.

```
void CMfcglView::Trans(void)
{
        glLoadIdentity();

        if(m_DrawType==4)
        {
                glTranslatef(m_xPos, m_yPos,0.0f);
                glTranslatef(move_x, move_y,0.0f);
        }
        else
        {
                glRotatef(m_xRot,1.0f,0.0f,0.0f);
                glRotatef(m_yRot,0.0f,1.0f,0.0f);
        }
        glRotatef(m_xAngle,1.0f,0.0f,0.0f);
        glRotatef(m_yAngle,0.0f,1.0f,0.0f);
}
```

[Examples]\Chapter05\Mfcgl\MfcglView.cpp

(3) 원래 좌표로 돌아오기

이동과 회전 변환을 한 후에 다시 도형을 그릴 경우, 원래의 좌표로 돌아오기 위해 OnButtonPoint(), OnButtonLine(), OnButtonPolygon(), OnButtonClear() 함수에 다음 코드를 각각 추가한다.

```
void CMfcglView::OnDrawPoint()
{
 |
        m_xAngle=0;
        m_yAngle=0;
        Invalidate();
}
```

```
void CMfcglView::OnDrawLine()
{
 |
        m_xAngle=0;
        m_yAngle=0;
        Invalidate();
}

void CMfcglView::OnDrawPolygon()
{
 |
        m_xAngle=0;
        m_yAngle=0;
        Invalidate();
}

void CMfcglView::OnDrawClear()
{
 |
        m_xAngle=0;
        m_yAngle=0;
        Invalidate();
}
```

[Examples]\Chapter05\Mfcgl\MfcglView.cpp

(4) 실행하기

컴파일 후 실행하여 마우스 왼쪽 또는 오른쪽 버튼을 이용하여 이동과 회전 변환을 실행해 보자.

정리하기

- Class View 창에서 새 함수나 변수를 추가하는 방법을 숙지하도록 하자.
- Class Wizard에서 마우스 이벤트 핸들러를 추가하는 과정을 잘 숙지하도록 하자.
- 이동과 회전 변환을 초기화하기 위해 어떠한 방법을 사용하였는지 확인하자.

Chapter 06

스케일 변환하기

학습목표

이 장에서는 OpenGL에서 그려진 객체를 X, Y, Z 방향으로 확대 또는 축소시키는 방법을 설명한다. 이는 영문 표기 그대로 스케일링(scaling)이라 일컫는데, 실행 화면에서 스케일링 값을 입력 받아 해당 좌표축으로 도형의 비율을 변환시키는 이벤트를 수행한다. 이를 위해 본 장에서는 OpenGL의 스케일링 변환의 개념을 이해하고, 더불어 스케일링을 적용하기 위한 대화 상자를 생성하는 방법을 알아본다.

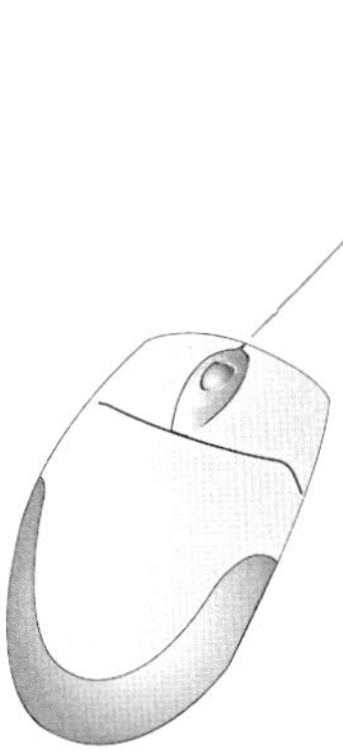

6.1 스케일 변환의 이해

스케일링이란 원래 행렬과 주어진 크기 변환 행렬을 곱하여 X, Y, Z 방향으로 주어진 배율에 따라 확대나 축소를 하는 기능을 말한다. 만약 그려진 객체를 Y축으로 2배 늘리고자 하였을 때, OpenGL에서의 스케일링 변환 함수에서 다른 좌표축보다 Y축으로 2배 증가하는 값을 입력하면, 객체는 Y축으로 2배 늘어날 것이다. 바로 아래가 스케일링 역할을 하는 함수이다.

```
void glScaled(GLdouble x, GLdouble y, GLdouble z);
void glScalef(GLfloat  x, GLfloat  y, GLfloat  z);
```

이 함수는 현재 행렬을 크기 변환 행렬과 곱하기 연산을 수행한다. 새로 정의된 크기 변환된 함수는 현재 변환 행렬이 된다. 총 세 개의 인자를 가지며, 각각 X, Y, Z축 방향의 배율을 나타낸다. 다음은 스케일링 함수의 활용 예를 나타낸다.

```
glScalef(1.0f, 2.0f, 1.0f);
```

위 함수에서 첫 번째 인자는 X축 좌표 값의 증감 배수 값이고, 두 번째와 세 번째 인자가 각각 Y, Z축의 좌표 값의 증감 배수이다. 두 번째 값을 2.0으로 설정함으로써 Y축의 좌표축 값을 다른 축에 비해 2배로 증가하게 만든 것이다.

6.2 스케일 변환 구현하기

(1) 메뉴 추가하기

메뉴를 생성하는 과정은 앞 장에서 이미 설명하였으므로 본 절에서는 메뉴 설정 방법을 간단하게 설명하도록 한다. 스케일 변환을 위해 추가할 메뉴는 다음과 같이 설정한다.

앞 장에서 생성한 Transform의 하위 메뉴로 Scale 메뉴를 삽입한다. 빈 메뉴를 더블 클릭하고 속성 창에서 Caption과 ID를 다음과 같이 입력한다.

```
ID : ID_TRANSFORM_SCALE
Caption : Scale
```

이와 같은 방법으로 툴바에도 스케일링 기능을 선택할 수 있는 버튼을 추가하고 ID를 `ID_TRANSFORM_SCALE`로 입력한다. 그리고 Class Wizard에서 `OnTransformScale()` 함수를 추가한다.

(2) 변수 선언과 초기화하기

도형의 가로, 세로 등의 비율을 조정하여 스케일링 변환을 위해서 X, Y, Z축으로의 변환 비율 값을 입력 받거나 저장할 다음의 변수를 추가한다.

```
GLfloat m_XScale, m_YScale, m_ZScale;
```

[Examples]\Chapter06\Mfcgl\MfcglView.h

- `m_XScale` : X축 방향의 배율
- `m_YScale` : Y축 방향의 배율
- `m_ZScale` : Z축 방향의 배율

그리고 `CMfcglView()`에서 다음과 같이 초기화한다.

```
m_XScale=m_YScale=m_ZScale=1;
```

[Examples]\Chapter06\Mfcgl\MfcglView.cpp

(3) 다이얼로그 박스 만들기

각 축의 스케일링 변환 값을 입력 받는 다이얼로그 박스를 그림 6.1처럼 만들자.

Resource View 상태에서 Dialog를 선택한 상태에서 마우스 오른쪽 버튼을 클릭한다. 이때 나타나는 보조 메뉴에서 Insert Dialog를 선택하자.

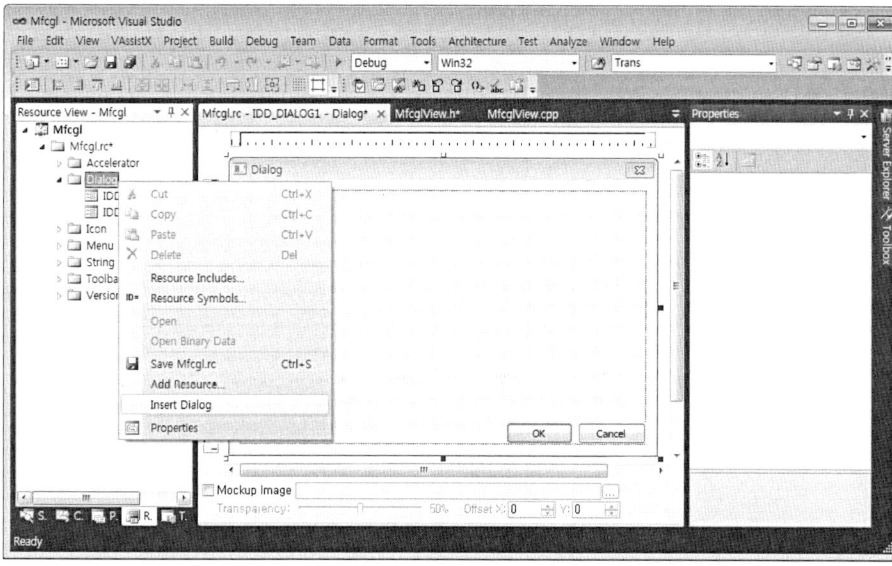

그림 6.1 스케일링을 위한 다이얼로그 박스 생성하기

다이얼로그 박스에서 오른쪽 마우스 버튼을 클릭하여 속성 창에서 ID를 `IDD_SCALEDLG`로 입력하고, Caption을 'Scale Configuration Dialog'로 입력한다. 위의 작업과정을 그림 6.2에서 확인할 수 있다.

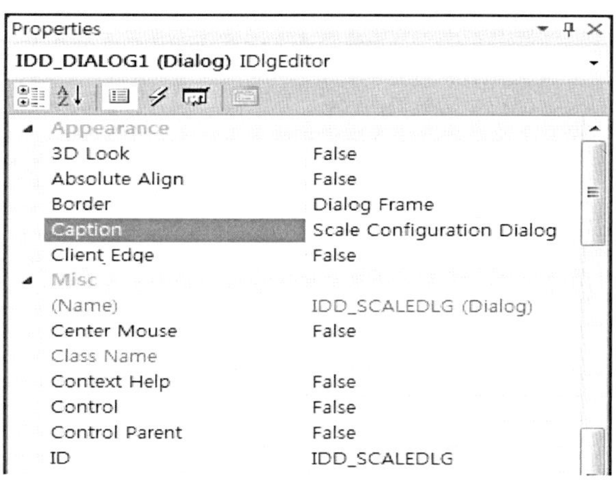

그림 6.2 스케일링을 위한 다이얼로그 설정

배율을 입력할 창을 디자인하기 위해서 Toolbox 탭에서 Static Text를 클릭한다(그림 6.3 참조). 다이얼로그 박스에 적당한 크기로 삽입한 후 Static Text를 선택하여 마우스 오른쪽 버튼을 클릭한다. 이때 나타나는 속성 탭(Properties)에서 ID와 Caption을 아래와 같이 입력한다.

ID :	IDC_STATICX	IDC_STATICY	IDC_STATICZ
Caption :	X-axis scale (0-10)	Y-axis scale (0-10)	Z-axis scale (0-10)

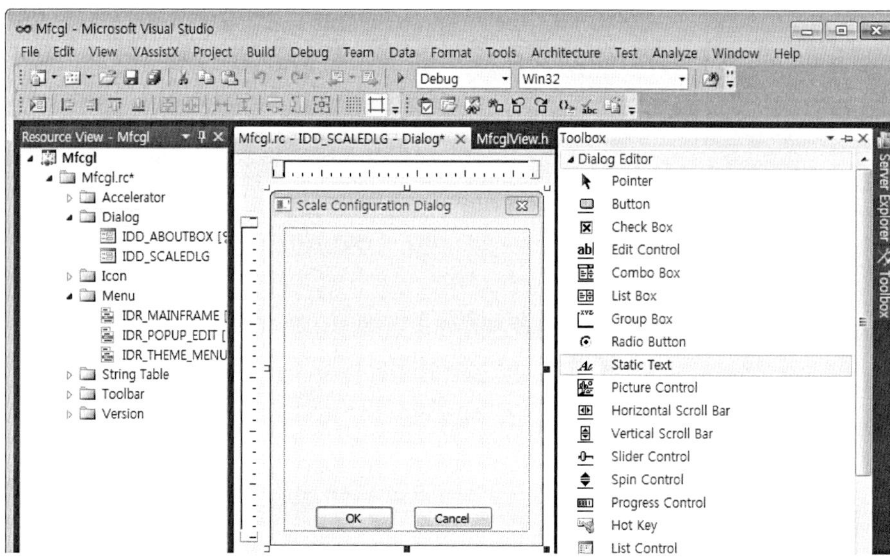

그림 6.3 Toolbox의 Static Text 선택 예제

이제 배율 값을 입력받기 위한 입력창을 만들기 위해서 Toolbox 탭에서 Edit Control을 선택하여 적당한 크기로 다이얼로그 박스에 드래그 하여 생성한다(그림 6.4 참조). 만들어진 Edit Control의 속성 창을 열기 위해서 마우스 오른쪽 버튼을 클릭한다. 그리고 ID를 IDC_EDIT_X라고 입력하자. Y축, Z축에 대해서도 아래와 같이 설정하여 생성하자.

ID :	IDC_EDIT_X	IDC_EDIT_Y	IDC_EDIT_Z

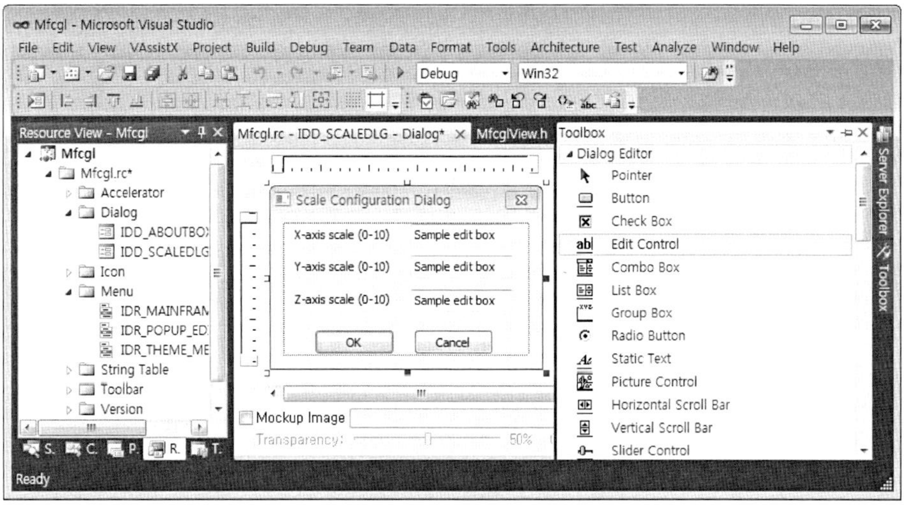

그림 6.4 Edit Control을 이용한 입력상자(edit box) 생성하기

(4) 새로운 클래스 등록하기

VS2010의 Class View 탭에서 솔루션 이름을 선택하고 마우스 오른쪽 버튼을 클릭한 후 그림 6.5와 같이 Add 〉 Class를 선택한다.

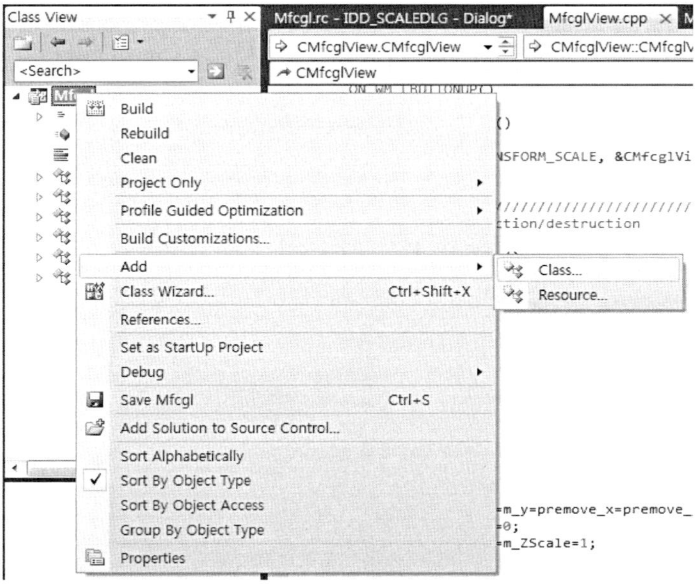

그림 6.5 새로운 클래스 추가하기 (Add 〉 Class)

그림 6.6과 같이 새로운 클래스를 생성하기 위한 Add Class 다이얼로그가 나타나고, 여기서 MFC Class를 선택하고 하단의 Add를 클릭한다.

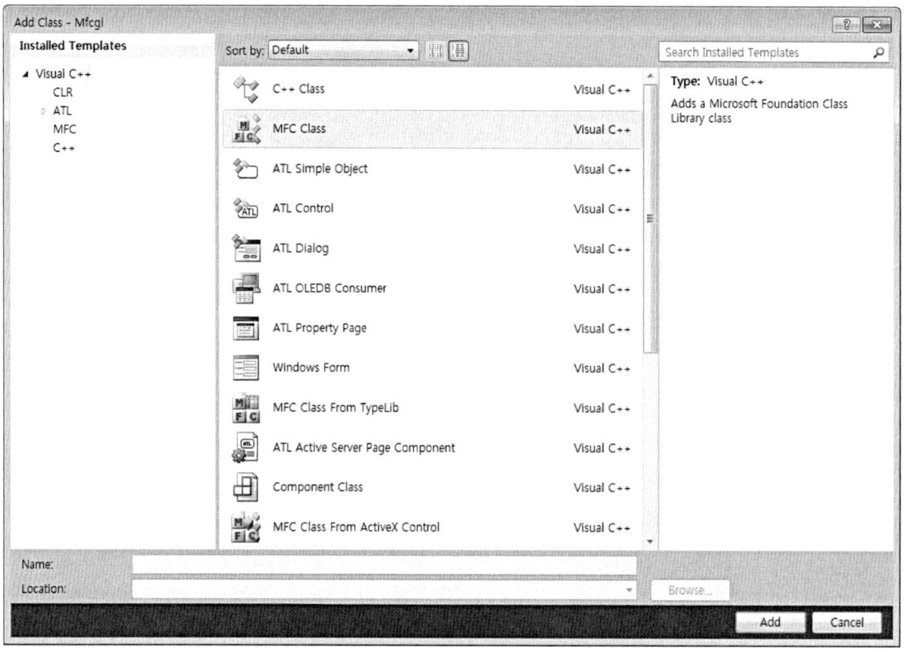

그림 6.6 새로운 클래스 추가하기 (MFC Class)

곧이어 나타나는 MFC Add Class Wizard에서 다음 그림 6.7과 같이 설정해 준다. 특히, Name란에는 `CScaleDlg`로 입력하고, Base class는 `CDialog`로 설정하도록 한다.

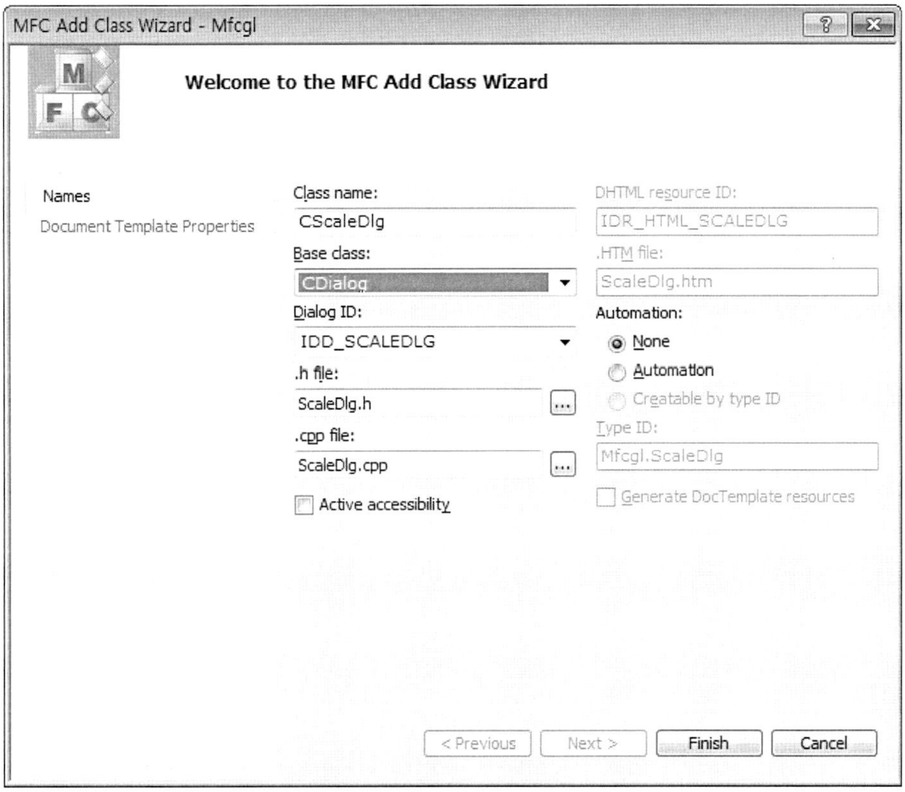

그림 6.7 새로 생성할 클래스의 기본설정

이제 Class View를 보면 새로 만들어진 `CScaleDlg` 클래스가 보일 것이다. 이 클래스에 다음의 멤버 변수를 선언한다.

```
float z_Scale;
float y_Scale;
float x_Scale;
```

[Examples]\Chapter06\Mfcgl\ScaleDlg.h

그리고 `CScaleDlg` 클래스의 생성자와 `DoDataExchange()` 함수로 이동하여 다음의 코드를 작성한다. 그림 6.8을 참조하자.

```
CScaleDlg::CScaleDlg(CWnd* pParent /*=NULL*/)
        :CDialog(CScaleDlg::IDD, pParent)
{
        x_Scale=1.0f;
        y_Scale=1.0f;
        z_Scale=1.0f;
}

void CScaleDlg::DoDataExchange(CDataExchange* pDX)
{
        CDialog::DoDataExchange(pDX);
        DDX_Text(pDX, IDC_EDIT_X, x_Scale);
        DDX_Text(pDX, IDC_EDIT_Y, y_Scale);
        DDX_Text(pDX, IDC_EDIT_Z, z_Scale);
}
```

[Examples]\Chapter06\Mfcgl\ScaleDlg.cpp

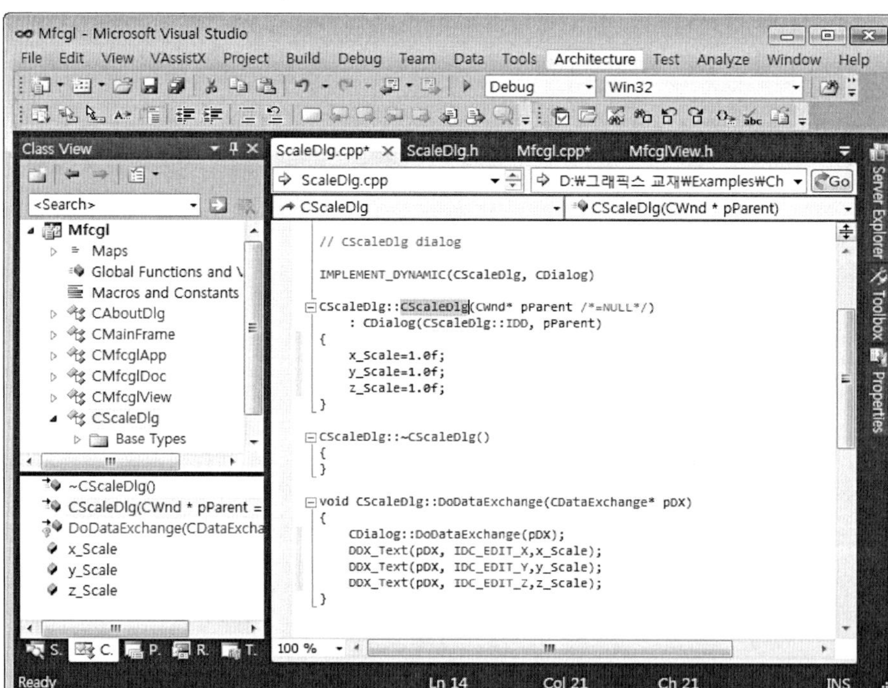

그림 6.8 CScaleDlg() 클래스의 생성자와 DoDataExchange() 함수 작성 예제

(5) 스케일링 변환 함수 구현하기

CMfcglView 클래스의 OnTransformScale() 함수로 이동하여 다음과 같이 코드를 작성하자.

```
void CMfcglView::OnTransformScale()
{
        // TODO: Add your command handler code here
        CScaleDlg dlg;
        if(dlg.DoModal()== IDOK)
        {
                if(dlg.x_Scale >0) m_XScale = dlg.x_Scale;
                if(dlg.y_Scale >0) m_YScale = dlg.y_Scale;
                if(dlg.z_Scale >0) m_ZScale = dlg.z_Scale;
                Invalidate();
        }
}
```

[Examples]\Chapter06\Mfcgl\MfcglView.cpp

MfcglView 클래스에서 CScaleDlg 클래스를 사용하기 위해서는 CScaleDlg 클래스의 헤더파일을 참조해야 한다. C/C++ 프로그래밍에서는 외부 소스 코드 참조를 위해 #include를 사용한다. 아래 예제와 같이 MfcgiView.cpp 파일 상단에 다른 헤더파일을 참조하고, 다음에 ScaleDlg.h 파일을 참조하기 위한 #include "ScaleDlg.h"를 추가하도록 하자.

```
#include "stdafx.h"
#include "mfcgl.h"

#include "mfcglDoc.h"
#include "mfcglView.h"

#include "ScaleDlg.h"
```

[Examples]\Chapter06\Mfcgl\MfcglView.cpp

Trans() 함수에 다음의 코드를 추가한다.

```
        glScalef(m_XScale, m_YScale, m_ZScale);
```

[Examples]\Chapter06\Mfcgl\MfcglView.cpp

OnDrawClear() 함수에 'Clear Scene' 버튼을 클릭하였을 때, 원래의 스케일로 되돌려지도록 하기 위해 MfcglView 클래스에 다음의 코드를 추가한다.

```
        m_XScale=m_YScale=m_ZScale=1;
```

[Examples]\Chapter06\Mfcgl\MfcglView.cpp

이제 다음과 같이 CMfcglView 클래스에 drawcenter() 함수를 추가하자.

```
void CMfcglView::drawcenter(void)
{
        glBegin(GL_LINES);
        glColor3f(1,0,0);
        glVertex3f(0,0,0);
        glVertex3f(40,0,0);
        glColor3f(0,1,0);
        glVertex3f(0,0,0);
        glVertex3f(0,40,0);
        glColor3f(0,0,1);
        glVertex3f(0,0,0);
        glVertex3f(0,0,40);
        glEnd();
}
```

[Examples]\Chapter06\Mfcgl\MfcglView.cpp

GLRenderScene()에서 drawcenter() 함수를 호출하여 실행 결과를 살펴보고, 이 함수의 기능을 생각해 보자.

```
void CMfcglView::GLRenderScene(void* pData)
{
        CMfcglDoc* pDoc = GetDocument();
        // Clear the window with current clearing color
        glClear(GL_COLOR_BUFFER_BIT);

        Trans();
        drawcenter();
```

[Examples]\Chapter06\Mfcgl\MfcglView.cpp

(6) 실행하기

솔루션을 빌드(build)하고, 실행하여 스케일링 변환 과정을 그림 6.9~6.11에서 살펴보자.

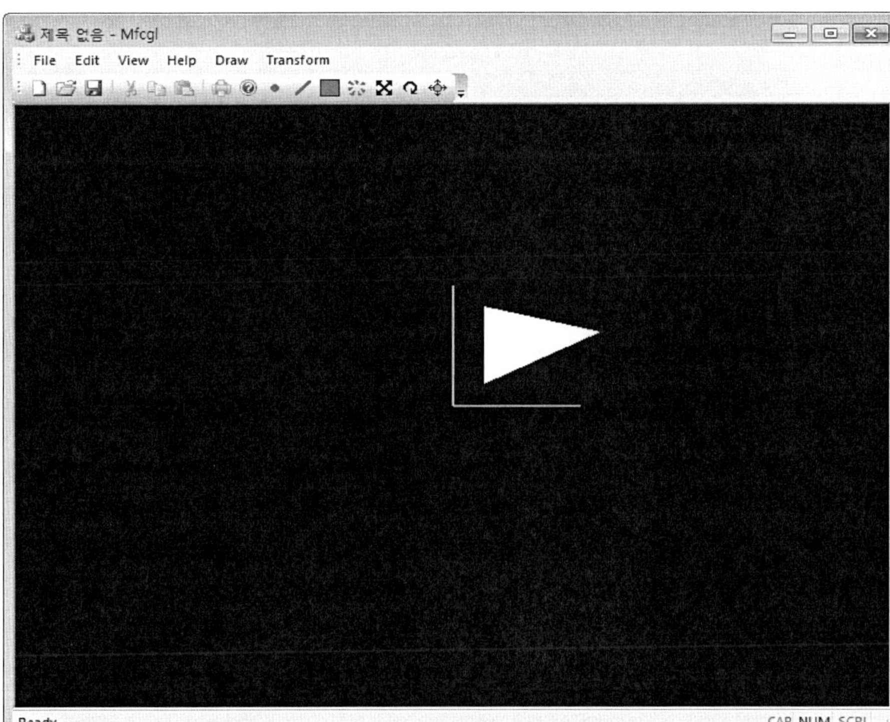

그림 6.9 초기 스케일링을 가진 삼각형 객체

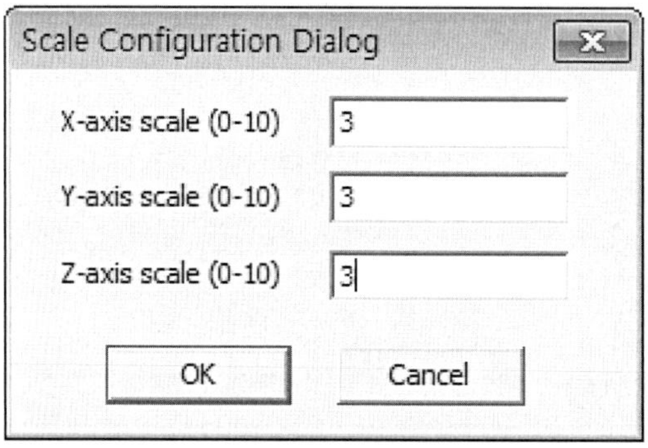

그림 6.10 스케일링 입력상자에서 스케일 3배로 적용하기

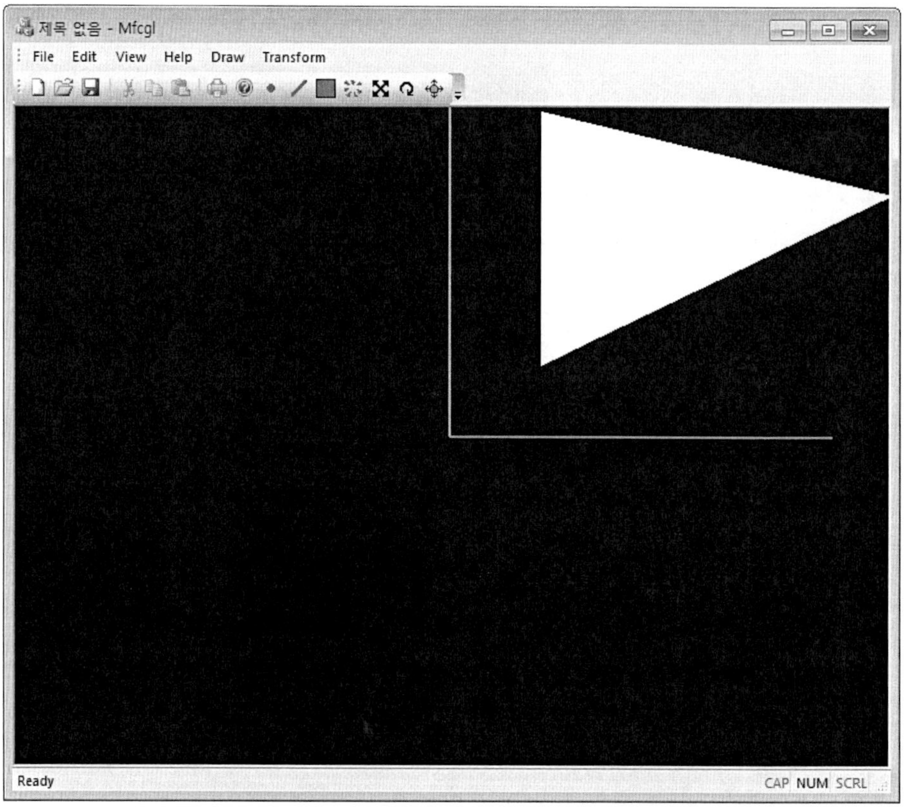

그림 6.11 초기 삼각형 객체의 스케일 값에 X, Y, Z축으로 3배의 스케일링이 적용된 결과

정리하기

○ OpenGL에서 그려진 객체를 3차원 좌표계(X, Y, Z축)를 기준으로 확대하거나 축소시키는 방법을 (   )이라고 한다.

○ MFC 다이얼로그(dialog, 대화상자)를 작성하는 과정을 숙지하고, 이를 응용하여 OpenGL 프로그래밍의 다양한 부분에 적용하여 보자.

○ 다음의 기능을 수행하는 OpenGL 함수는 무엇인가?

1) 스케일(scale)을 담당하는 함수. (   )
2) 색상(color)설정을 담당하는 함수. (   )
3) 색상버퍼(color buffer)를 비우는 함수. (   )

Chapter 07

3차원 도형 만들기

학습목표

이 장에서는 OpenGL을 통해 3차원 도형을 생성하는 방법을 알아본다. 3차원의 입체감 있는 객체를 만들기 위해서는 평면에서 그려지는 점, 선, 면과는 달리 3차원의 깊이(높이)에 대한 정보가 주어져야 한다. 본 장에서는 깊이정보를 이용한 3차원의 도형을 만들어 본다.

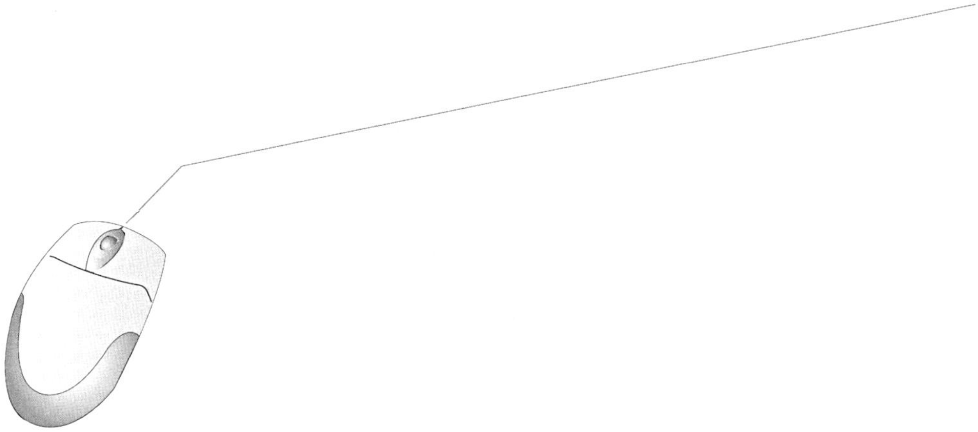

7.1 3차원 도형 변환

(1) 메뉴 만들기

일반적으로 3차원의 추가정보는 그림 7.1과 같이 Z축으로의 깊이 값을 입력 받아 평면에 그려진 2차원 도형의 높이 값으로 적용함으로써 2차원 도형의 3차원 도형으로의 변환이 가능하게 된다.

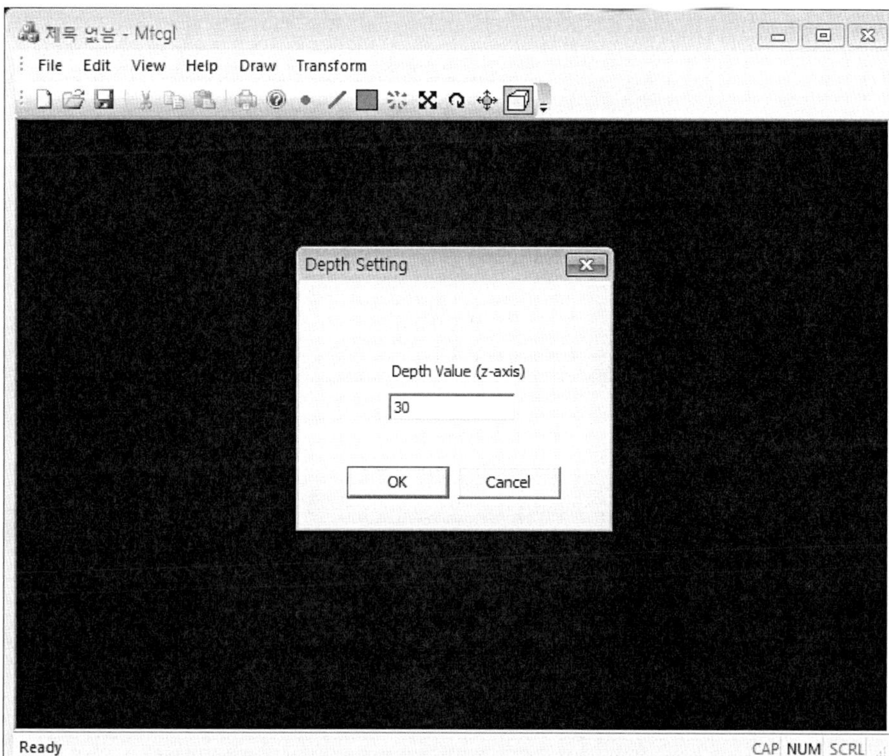

그림 7.1 그려진 2차원 도형의 3차원 변환을 위한 깊이 값 입력하기

그림 7.1의 3차원 도형을 생성하기 위한 메뉴를 만들기 위해서 메뉴 바 및 툴바에 다음의 ID와 캡션을 가지는 메뉴와 버튼을 추가한다.

```
ID : ID_TRANSFORM_DEPTH
Caption : Depth
```

메뉴와 버튼을 실행 가능하게 하기 위해 2장에서 설명한 바와 같이 MFC Class Wizard를 통해 멤버 함수를 추가한다. 먼저 Class Wizard를 실행시키고, Object ID에서 앞서 생성한 ID_TRANSFORM_DEPTH를 선택한다. 그리고 Class Name에서 `CMfcglView`가 선택되었는지 확인하고, 새로운 멤버 함수를 추가한다. 멤버 함수 이름은 그림 7.2와 같이 `OnTransformDepth()`로 설정한다. 실제로 다이얼로그로 입력된 값을 이용하여 3차원 객체를 그릴 때 사용하는 깊이 값 변수로 넘겨주는 소스 코드가 이 멤버 함수에 작성될 것이다.

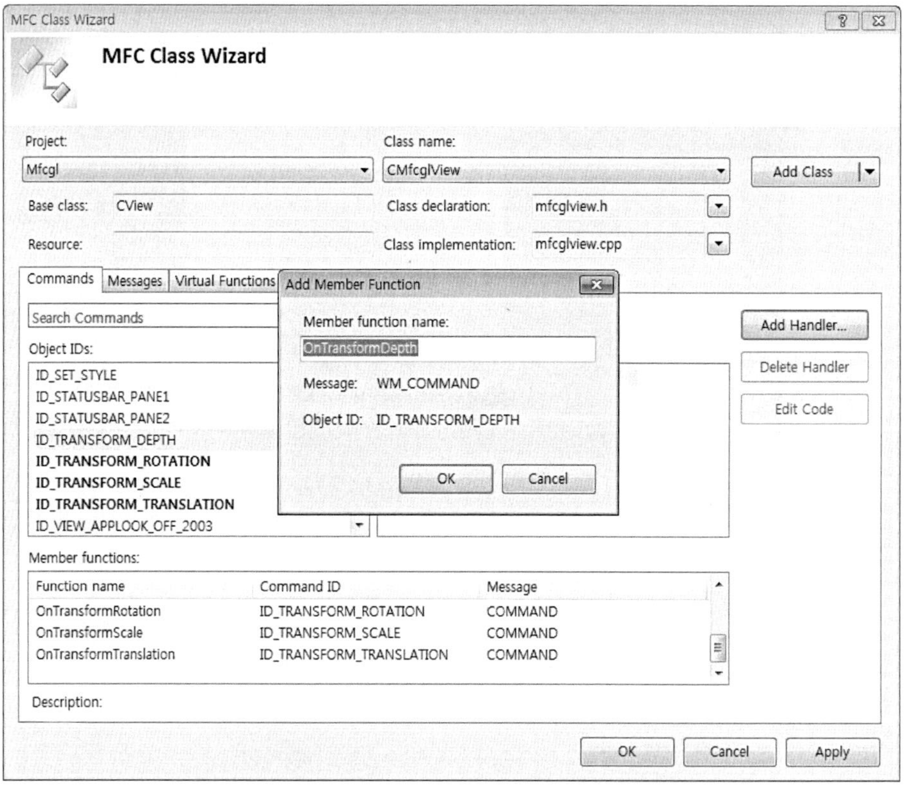

그림 7.2 3차원 도형 생성을 위한 깊이 값 조절 함수 추가하기

(2) 변수 선언과 초기화하기

CMfcglView 클래스에 다음의 멤버 변수를 추가한다.

```
GLfloat m_depth;
bool b_depth;
```

[Examples]\Chapter07\Mfcgl\MfcglView.h

m_depth는 OpenGL에서 그려질 3차원 객체의 깊이 값을 위한 변수이고, b_depth는 깊이 값이 입력되었는지를 판단하여 전달하기 위한 변수이다.

CMfcglView 클래스의 생성자에 다음과 같이 멤버 변수 초기화를 수행하자.

```
m_depth=0;
b_depth=false;
```

[Examples]\Chapter07\Mfcgl\MfcglView.cpp

(3) 다이얼로그 박스 만들기

Resource View에서 Dialog를 선택하고 마우스 오른쪽 버튼을 클릭하여 Insert Dialog를 선택한다. 그리고 속성 창에서 ID와 캡션을 다음과 같이 설정한다.

```
ID : IDD_DEPTHDLG
Caption : Depth Edit
```

이제 다이얼로그를 그림 7.3과 7.4와 같이 디자인하고 Edit Box의 ID를 IDC_EDIT_Z로 설정한다.

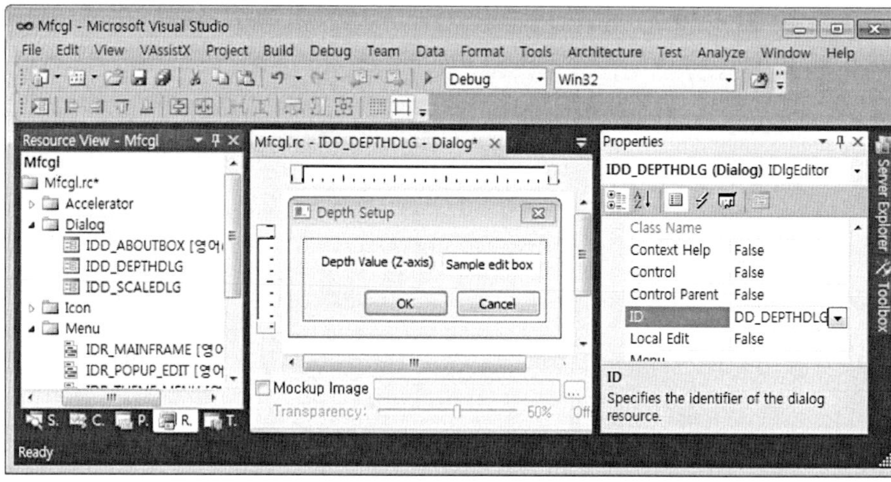

그림 7.3 깊이 설정을 위한 다이얼로그 생성하기

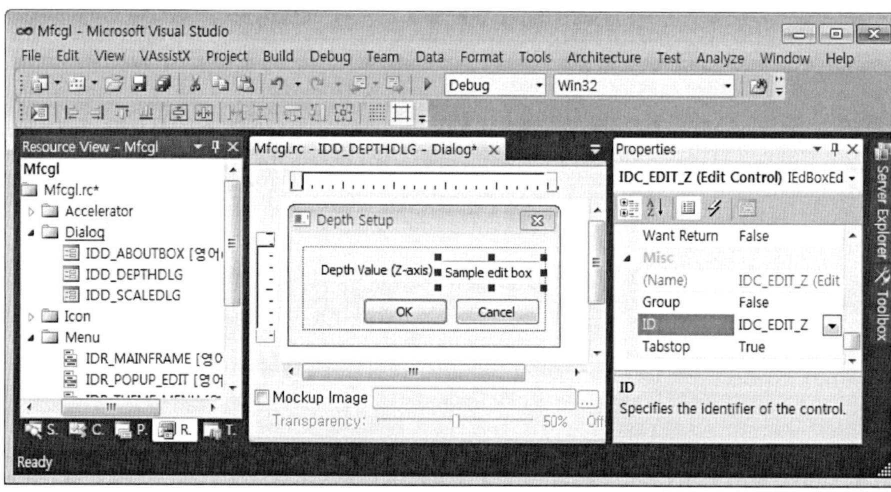

그림 7.4 깊이(depth) 값 입력을 위한 에디트 박스(edit box) 설정하기

(4) 새로운 클래스 만들기

Class View가 선택된 상태에서 Poject 〉 Add Class에서 MFC Class를 추가한다. 뒤이어 나타나는 클래스 생성을 위한 대화창에서 그림 7.5와 같이 Class name에 `CZdepthDlg`라 입력하고, 나머지 설정들도 그림 7.5를 참고하여 확인한 후 Finish를 눌러 새 클래스를 생성한다.

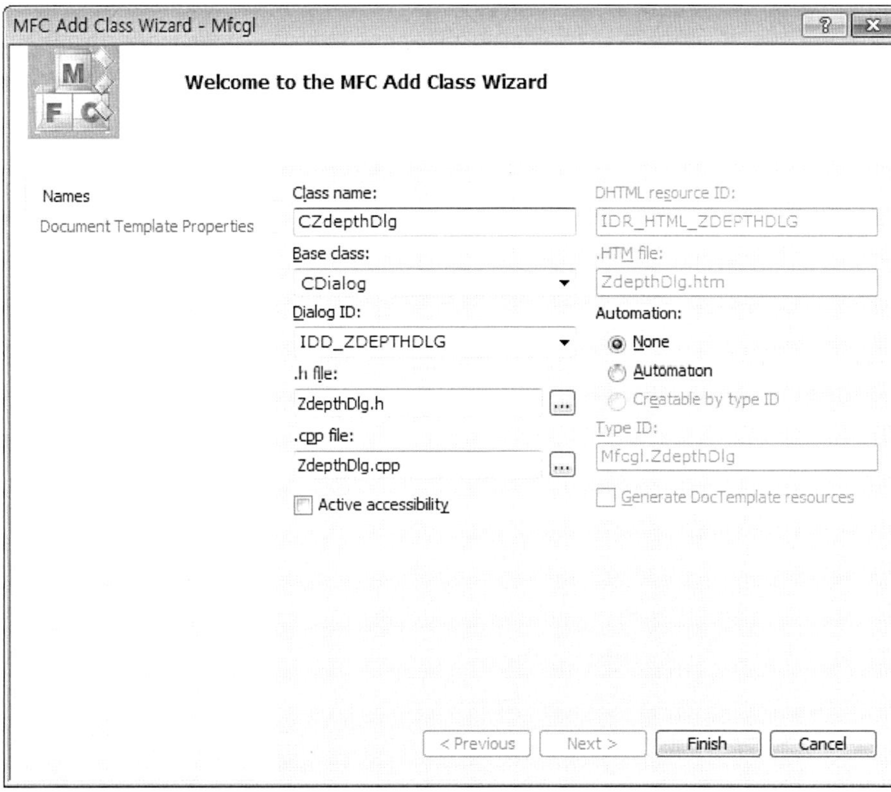

그림 7.5 다이얼로그 사용을 위한 새 클래스 생성하기

Class View로 이동하여 새로 생성된 `CZdepthDlg` 클래스의 멤버 변수를 다음과 같이 선언한다.

```
        float z_depth;
```

[Examples]\Chapter07\Mfcgl\ZdepthDlg.h

이제 `CZdepthDlg()`의 생성자에 멤버 변수 z_depth를 0으로 초기화하고 `DoDataExchange()` 함수에 다음과 같이 코드를 추가한다. 위의 내용을 그림 7.6에서 확인할 수 있다.

```
CZdepthDlg::CZdepthDlg(CWnd* pParent /*=NULL*/)
        :CDialog(CZdepthDlg::IDD, pParent)
        ,z_depth(0)
{
        z_depth=0;
}

void CZdepthDlg::DoDataExchange(CDataExchange* pDX)
{
        CDialog::DoDataExchange(pDX);
        DDX_Text(pDX, IDC_EDIT_Z, z_depth);
}
```

[Examples]\Chapter07\Mfcgl\ZdepthDlg.cpp

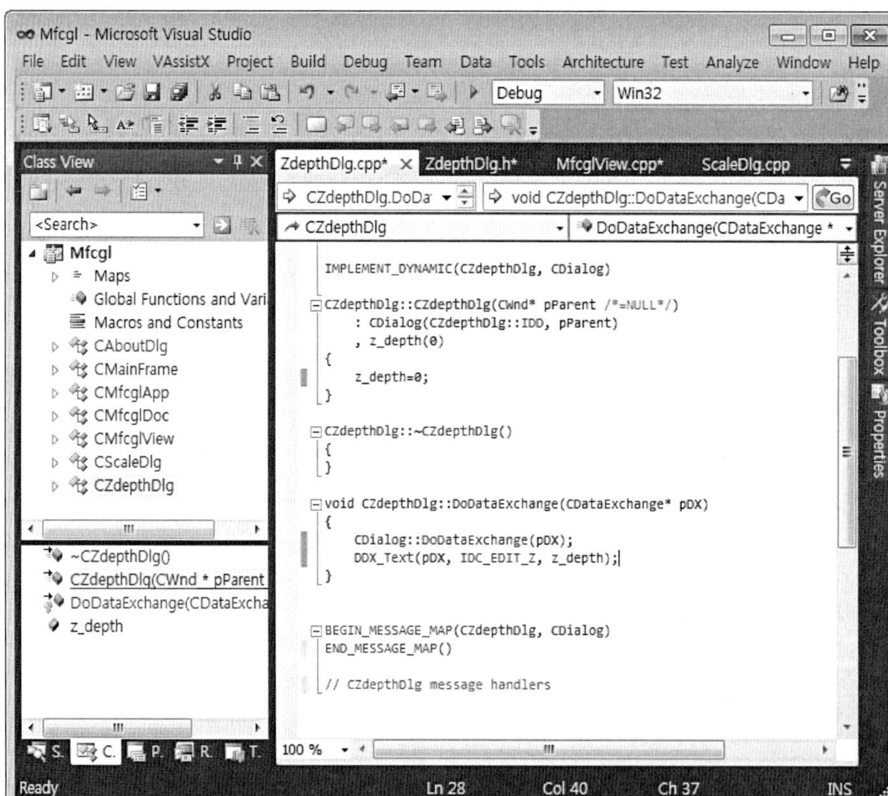

그림 7.6 깊이 값 변수와 초기화

아래와 같이 mfcglView.cpp 파일의 시작 부분에 다이얼로그 박스를 사용할 수 있도록 헤더 파일을 추가하는 코드를 작성한다(그림 7.7 참조).

```
#include "ZdepthDlg.h"
```

[Examples]\Chapter07\Mfcgl\MfcglView.cpp

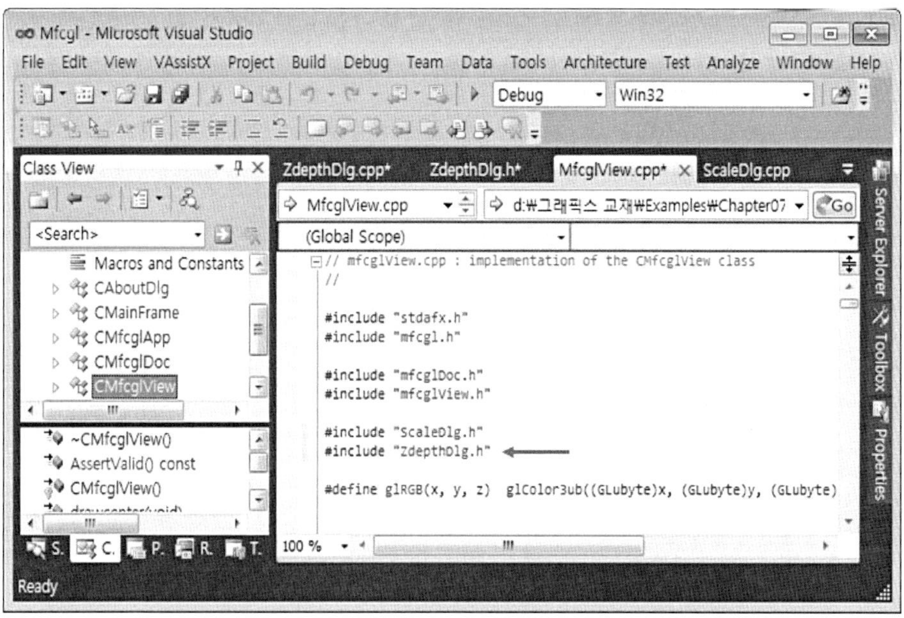

그림 7.7 깊이 값 입력 다이얼로그를 사용하기 위한 헤더파일 참조하기

(5) 3차원 도형 생성 구현하기

OnTransformDepth() 함수로 이동하여 다음의 코드를 작성한다. 이와 같은 프로그래밍은 다이얼로그에 입력된 깊이 값 전달을 위한 코드로 그림 7.8과 같이 실행할 수 있다.

```
void CMfcglView::OnTransformDepth()
{
	// TODO: Add your command handler code here
	b_depth =true;
	CZdepthDlg dlg;
	if(dlg.DoModal()==IDOK)
	{
		if(dlg.z_depth >0) m_depth=-dlg.z_depth;
		else m_depth=dlg.z_depth;
	}
	Invalidate();
}
```

[Examples]\Chapter07\Mfcgl\MfcglView.cpp

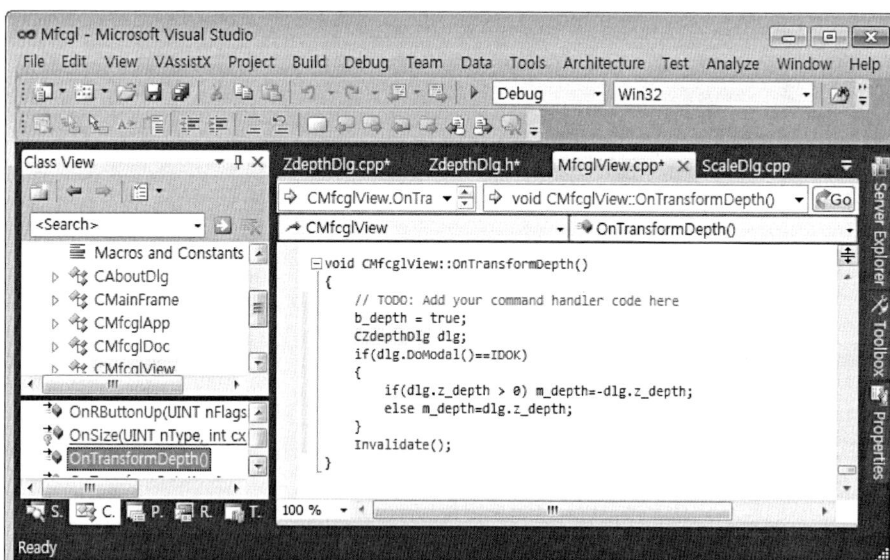

그림 7.8 다이얼로그에 입력된 깊이 값 전달을 위한 코드 작성하기

GLSetupRC() 함수에 그림 7.9와 같이 기본 설정을 위해 다음의 코드를 추가한다.

```
glEnable(GL_DEPTH_TEST);
glFrontFace(GL_CW);
glShadeModel(GL_SMOOTH);
```

[Examples]\Chapter07\Mfcgl\MfcglView.cpp

- glEnable(GL_DEPTH_TEST): 깊이 Test를 실시한다.
- glFrontFace(GL_CW): 이 함수를 사용하면 시계 방향으로 감긴 것이 앞면인지 반시계 방향으로 감긴 것이 앞면인지를 설정할 수 있다. 시계 방향(GL_CW) 반시계 방향(GL_CCW)
- glShadeModel(GL_SMOOTH): 삼각형의 색을 각 정점에 명시된 값으로 부드럽게 연결하도록 두 정점에 대해 명시된 색을 보간한다.

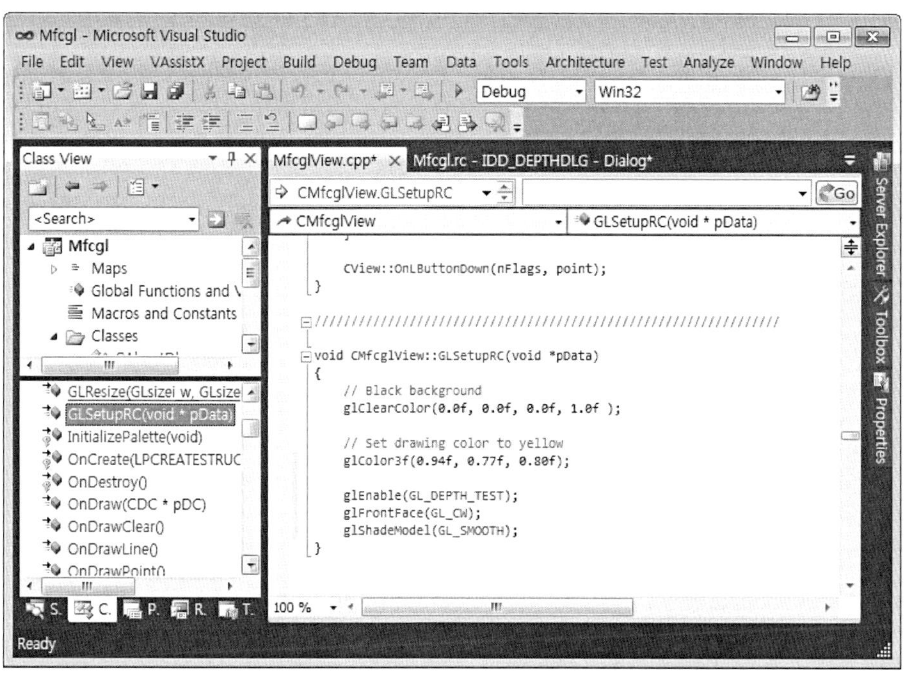

그림 7.9 OpenGL에서 3차원 객체를 그리기 위한 기본 설정

GLRenderScene() 함수에 이미 작성된 glClear() 함수를 다음과 같이 수정한다.

```
    glClear(GL_COLOR_BUFFER_BIT | GL_DEPTH_BUFFER_BIT);
```

[Examples]\Chapter07\Mfcgl\MfcglView.cpp

그리고 GLRenderScene() 함수에서 도형을 그리는 부분을 수정하여 3차원 도형도 그릴 수 있도록 다음의 코드와 같이 재 작성한다. 아래의 코드를 입력한 화면은 그림 7.10에서 볼 수 있다.

```
// for Polygon
if(m_NumOfPoly>0)
{
    UINT i;

    glBegin(GL_POLYGON);    // 깊이가 0인 좌표평면의 도형
    for(i=0; i<m_NumOfPoly; i++)
    {
        glVertex3f(m_LcPoint[i][0],m_LcPoint[i][1],0.0f);
    }
    glEnd();

    if(b_depth)
    {
        glBegin(GL_POLYGON); // 깊이가 m_depth인 평면에 그린 그림
        for(i=0;i<m_NumOfPoly;i++)
        {
            glVertex3f(m_LcPoint[i][0],m_LcPoint[i][1],m_depth);
        }
        glEnd();

        glBegin(GL_QUADS);    // 입체도형의 옆면을 그리는 부분
        glColor3f(1.0f,0.0f,0.0f);
        for(i=0;i<m_NumOfPoly-1;i++)
        {
            glVertex3f(m_LcPoint[i][0],m_LcPoint[i][1],0);
            glVertex3f(m_LcPoint[i+1][0],m_LcPoint[i+1][1],0);
```

```
                glVertex3f(m_LcPoint[i+1][0],m_LcPoint[i+1][1],m_depth);
                  glVertex3f(m_LcPoint[i][0],m_LcPoint[i][1],m_depth);
              }
              glVertex3f(m_LcPoint[0][0],m_LcPoint[0][1],m_depth);
              glVertex3f(m_LcPoint[i][0],m_LcPoint[i][1],m_depth);
              glVertex3f(m_LcPoint[i][0],m_LcPoint[i][1],0);
              glVertex3f(m_LcPoint[0][0],m_LcPoint[0][1],0);
              glEnd();
      }
}
```

[Examples]\Chapter07\Mfcgl\MfcglView.cpp

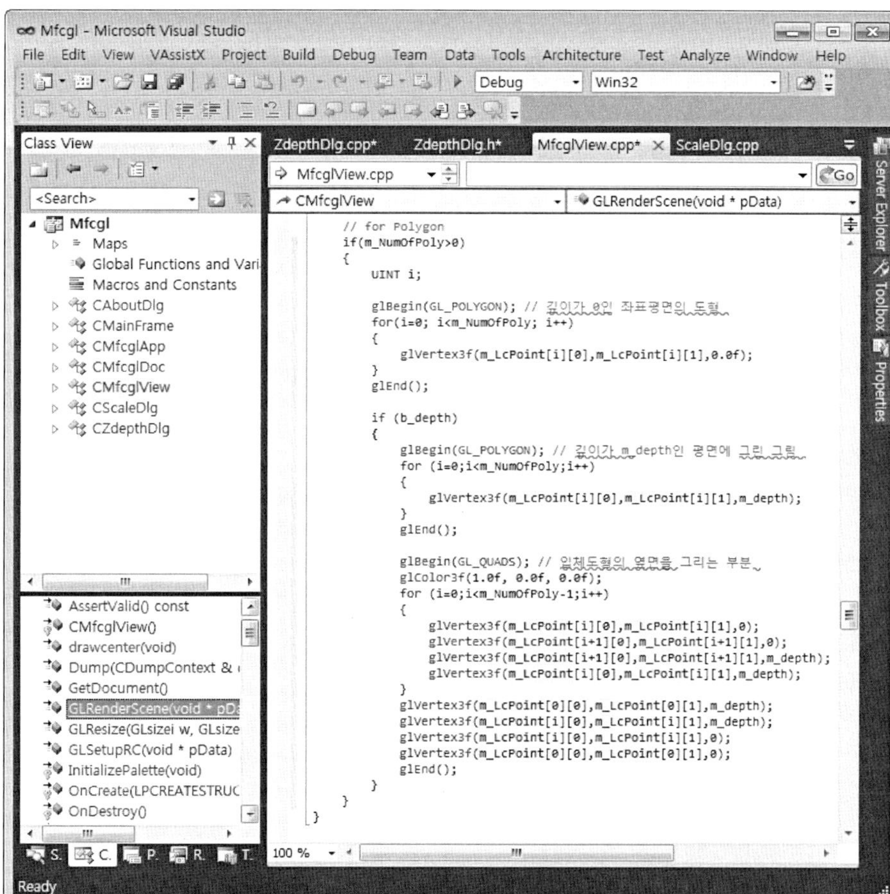

그림 7.10 GLRenderScene() 함수의 3차원 드로잉을 위한 코드

마지막으로 OnDrawClear() 함수에 다음 코드를 추가한다.

```
        b_depth=false;
```

[Examples]\Chapter07\Mfcgl\MfcglView.cpp

(6) 실행하기

실행 후 깊이 정보 입력 창을 열고, 적당한 값을 입력하여 3차원의 도형이 생성되는지 확인해 보자. 우선 그림 7.11은 2차원 임의의 도형을 그린 것이고 여기에 깊이 정보를 추가하여 그림 7.12와 같이 3차원 도형을 만들 수 있다.

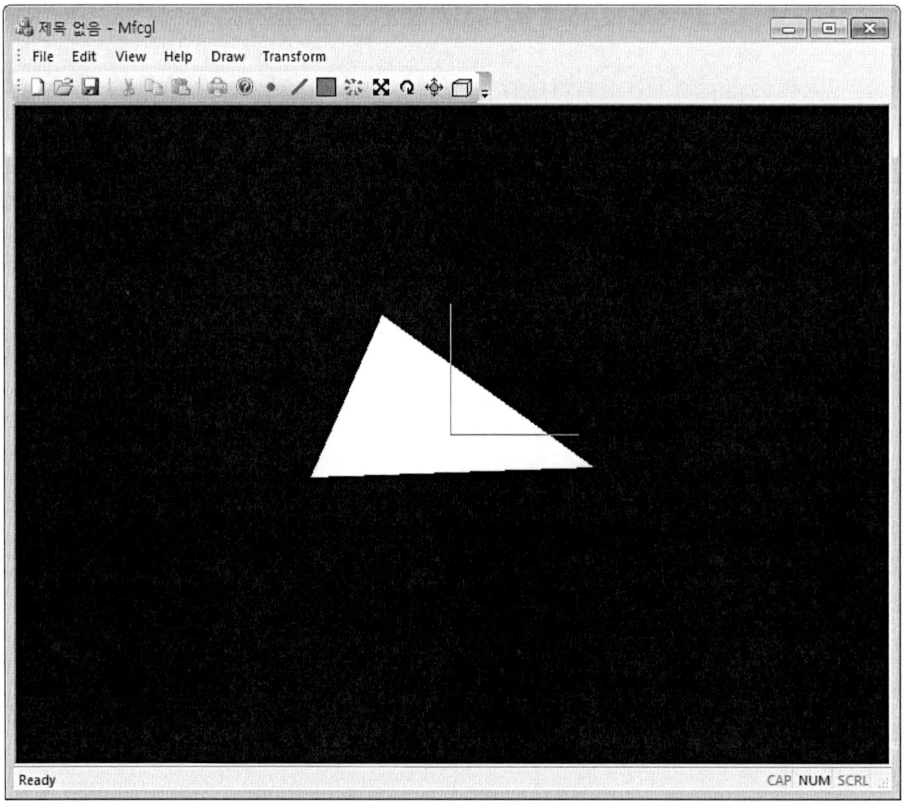

그림 7.11 2차원 도형 그리기

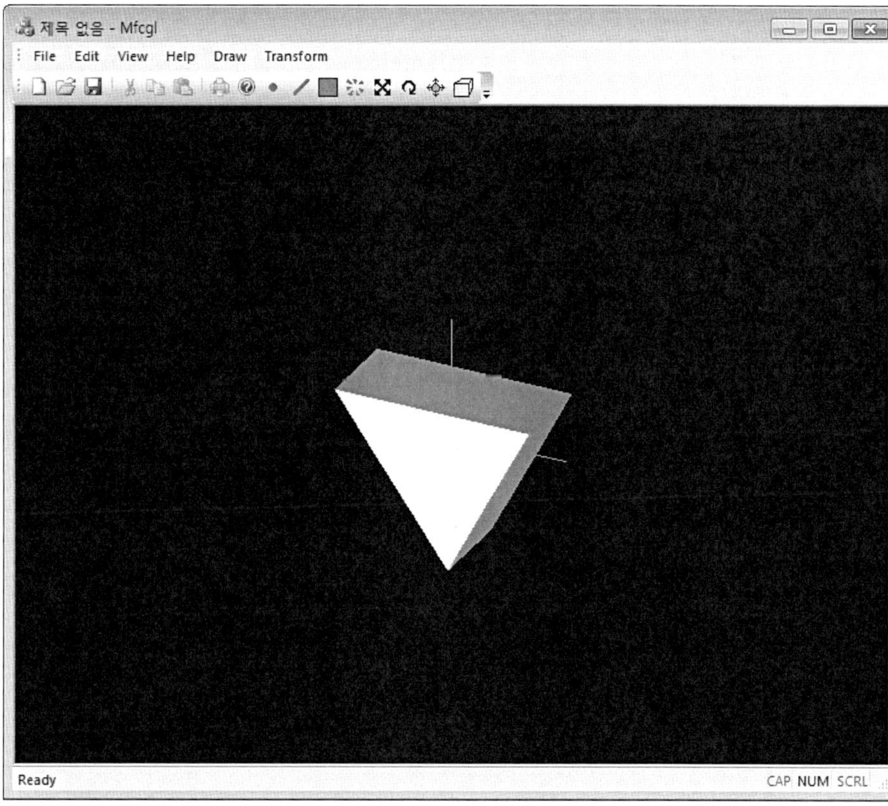

그림 7.12 2차원 도형에 입력된 깊이 값을 이용한 3차원 도형으로의 변환

정리하기

- 3차원 도형은 3차원 좌표계에서 깊이 값을 고려한 객체이다. 이는 3차원 좌표계(X, Y, Z축)로의 확장된 개념의 좌표계 이해가 필요하다. 이전 장에서 배운 다이얼로그를 생성하는 과정을 이용하여 3차원 깊이 값 입력을 위한 다이얼로그를 생성해 보고, 입력된 값을 깊이 축(Z축)으로 반영하는 과정을 복습하여 3차원 좌표계에서의 모델링을 이해하도록 하자.
- 다음의 기능을 수행하는 OpenGL 함수는 무엇인가?
  1) 깊이 테스트를 담당하는 함수. (　　　　　　　　)
  2) 객체면의 앞면을 결정하는 함수. (　　　　　　　　)
  3) 폴리곤의 음영을 결정하는 함수. (　　　　　　　　)

Chapter 08

다각형 그리기

학습목표

이 장에서는 복잡한 다각형을 그리기 위해 트라이앵글 스트립(Triangle strip)을 이용하여 다양한 형태의 다각형을 그리는 방법에 대해 살펴본다. 트라이앵글 스트립이란 여러 개의 삼각도형의 조합으로 복잡한 도형을 생성하는 기법으로서, 3차원 객체뿐만 아니라 2차원 객체를 그릴 때도 효과적이고 빠르게 복잡한 도형을 체계적으로 완성할 수 있는 기법이다.

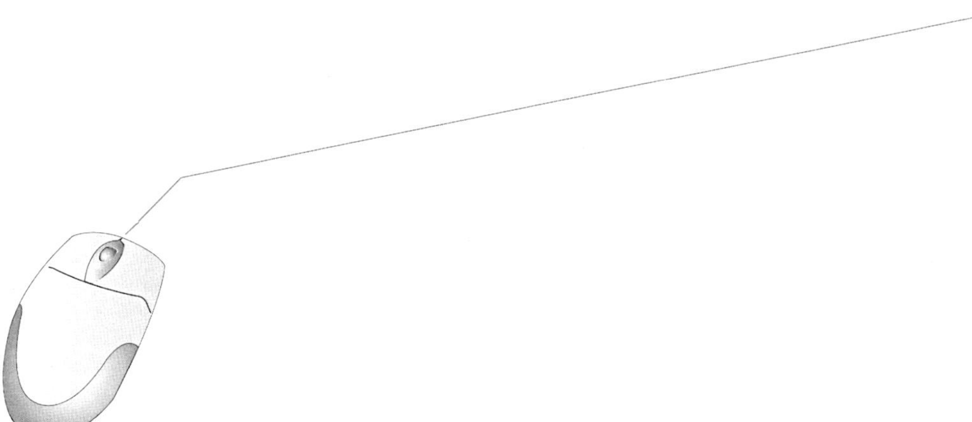

8.1 트라이앵글 스트립의 이해

여러 개의 삼각형을 그리기 위해서 OpenGL에서는 GL_TRIANGLE_STRIP이라는 기본 요소를 제공한다. 이를 사용하면 다각형을 그리기 위한 시간을 절약할 수 있고 수치입력을 통한 체계적인 그리기를 수행할 수 있다. 트라이앵글 스트립은 그림 8.1에서 설명한 것처럼 별개의 삼각형들을 조합하는 방식이 아니라, 연결된 세 개의 점들을 순서적으로 한 묶음으로 묶어 삼각형을 생성해 나가는 방식으로서 별개의 삼각형을 조합하는 방식보다 효과적으로 3차원 객체의 체계를 생성할 수 있다.

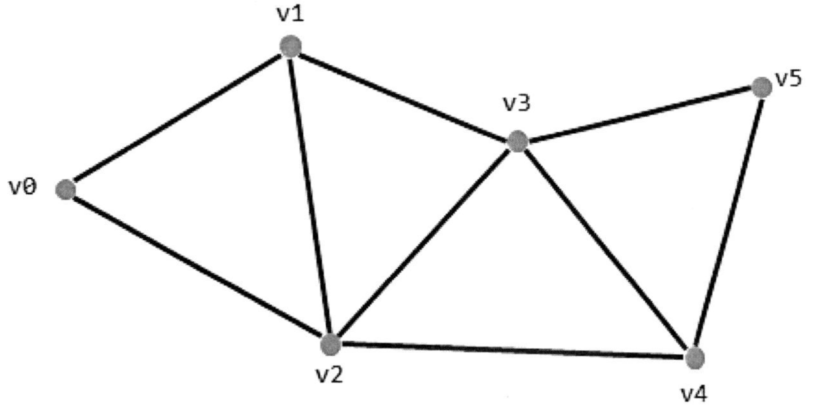

그림 8.1 트라이앵글 스트립(Triangle strip)의 이해

트라이앵글 스트립은 처음 세 정점을 지정하여 첫 번째 삼각형을 나타낸 후, 그 다음에 나오는 삼각형을 그리기 위해서는 단 하나의 점만 추가하면 된다. 이렇게 하면 여러 개의 삼각형을 그릴 때, 상당 부분의 프로그램 코드와 저장 공간을 절약할 수 있다. 이를 통해 3차원 객체를 그리는 성능 또한 향상시킬 수 있다. 적은 수의 정점을 사용하면 메모리에 저장된 객체의 데이터가 렌더링을 위한 그래픽스 메모리 버퍼로 이동하는 데이터의 양이 적으므로 데이터 전송이나 메모리 관리의 효율이 좋아지고, 적은 수의 정점(적은 양의 데이터)을 처리하게 되므로 효과적인 그래픽스 시스템 운용이 가능하다. 더불어, OpenGL에서는 트라이앵글 팬(Triangle fan, GL_TRIANGLE_FAN)을 제공함으로써 여러 개의 연결된 삼각형을 특정 점을 중심으로 부채꼴 형태로 펼쳐지도록 나타낼 수도 있다.

8.2 트라이앵글 스트립 구현하기

(1) 메뉴 만들기

Resource View에서 메뉴 바와 툴바에 트라이앵글 스트립에 대한 메뉴와 버튼을 추가하여 만든다. 이때 각각의 ID와 메뉴에서의 캡션을 다음과 같이 지정하자. 또한, 그림 8.2와 같이 버튼을 임의로 디자인 해 본다(메뉴는 그림 8.3 참조).

```
ID :        ID_DRAW_TRIANGLESTRIP        - 메뉴, 툴바
Caption :   Triangle Strip               - 메뉴
```

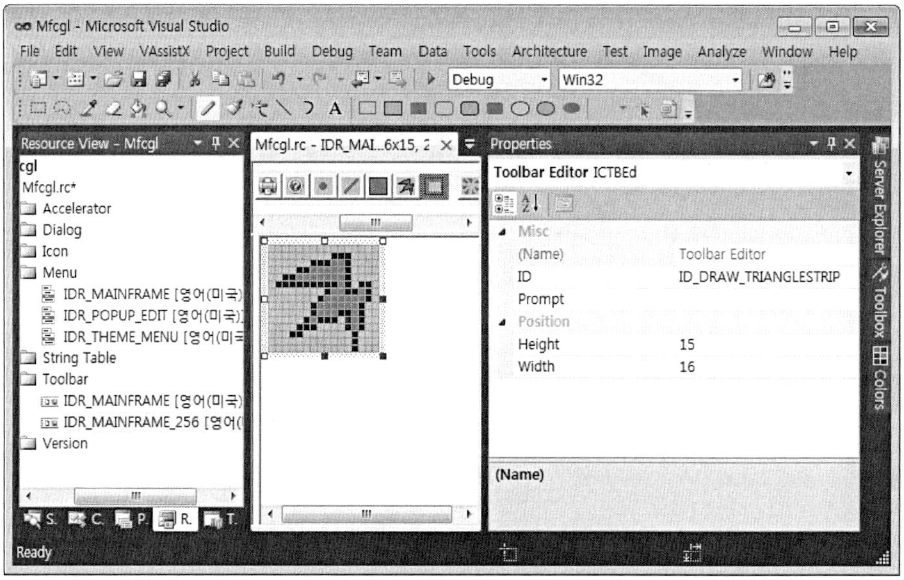

그림 8.2 트라이앵글 스트립을 수행하기 위한 버튼 생성하기

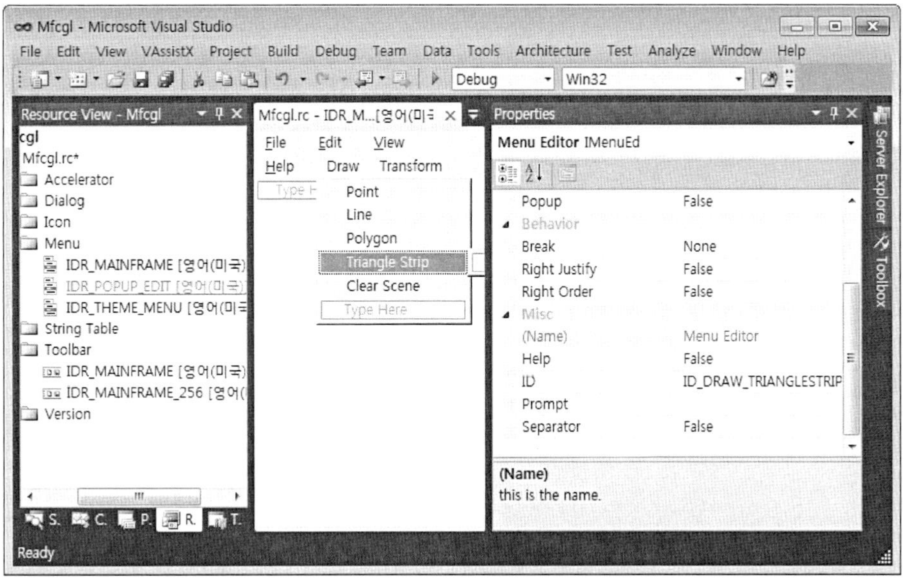

그림 8.3 트라이앵글 스트립을 수행하기 위한 메뉴 생성하기

(2) 변수 선언과 초기화하기

CMfcglView 클래스에 다음의 멤버 변수를 선언한다. 멤버 변수는 아래와 같이 MfcglView.h 파일의 상단에 직접 코드를 작성해도 되고, 그림 8.4와 같이 멤버 변수 추가 마법사를 이용하여 추가하여도 된다.

```
093:        bool b_strip;
```

[Examples]\Chapter08\Mfcgl\MfcglView.h

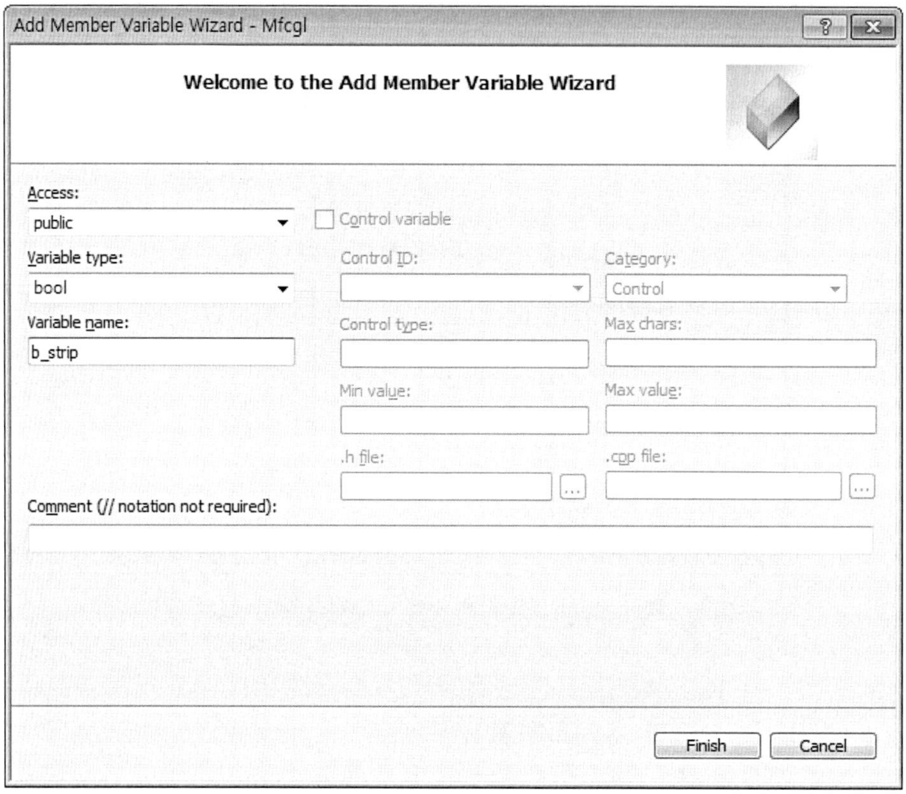

그림 8.4 멤버 변수 추가 마법사를 이용한 멤버 변수 추가하기

그리고 CMfcglView(), OnDrawClear(), OnDrawPolygon() 함수에서 각각 false로 초기화한다.

```
        b_strip=false;    // CMfcglView()
        b_strip=false;    // OnDrawPolygon()
        b_strip=false;    // OnDrawClear()
```

[Examples]\Chapter08\Mfcgl\MfcglView.cpp

(3) 소스 코드 작성하기

Class Wizard를 이용하여 그림 8.5와 같이 `OnDrawTrianglestrip()` 함수를 추가하고, Edit Code를 클릭한다.

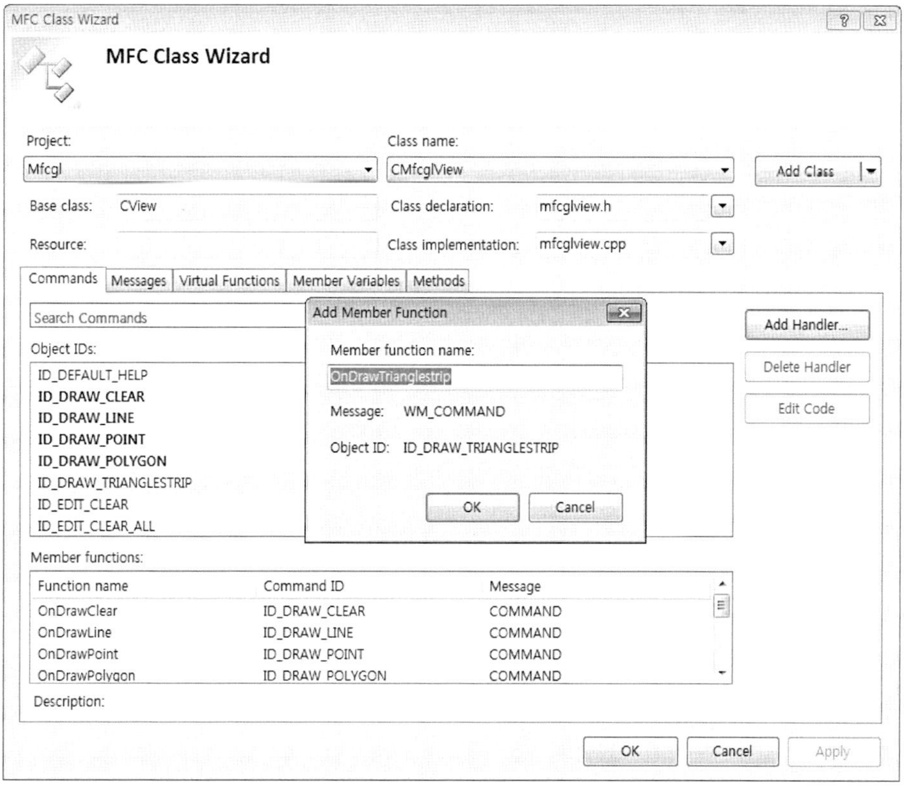

그림 8.5 클래스 마법사를 이용한 멤버 함수 추가하기

`OnDrawTrianglestrip()` 함수에 다음의 코드를 작성한 후 그림 8.6의 화면처럼 입력 값들을 확인한다.

```
void CMfcglView::OnDrawTrianglestrip()
{
	// TODO: Add your command handler code here
	b_strip=true;
	m_DrawType=3;
	Invalidate();
}
```

[Examples]\Chapter08\Mfcgl\MfcglView.cpp

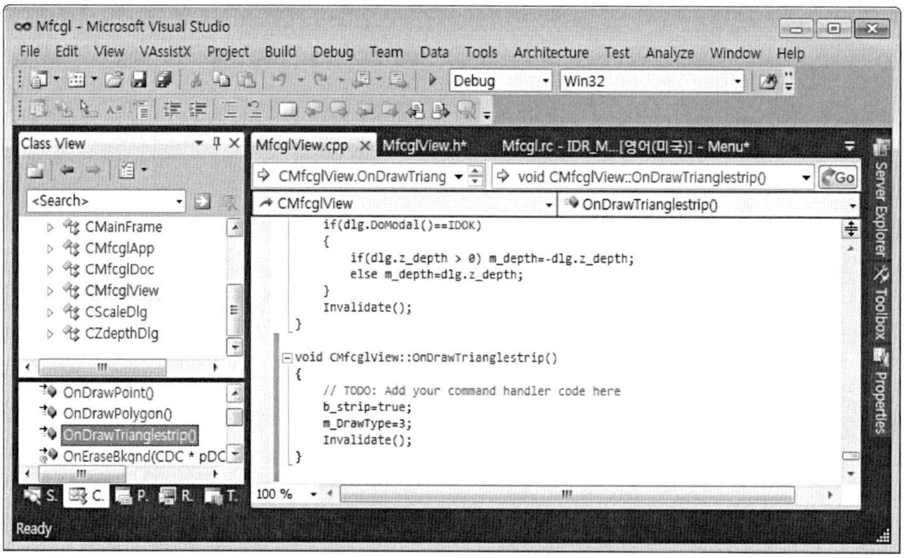

그림 8.6 트라이앵글 스트립 그리기 함수의 초기 값 코드 작성

이제 GLRenderScene()의 다각형을 그리는 부분을 다음 코드와 같이 수정한다.

```
// for Polygon
if(m_NumOfPoly>0)
{
    UINT i;
    if(b_strip)
    {
        float normal[3];

        glBegin(GL_TRIANGLE_STRIP);
        for(UINT i=0; i<m_NumOfPoly; i++)
        {
            glNormal3f(0.0f,0.0f,-1.0f);
            glVertex3f(m_LcPoint[i][0],m_LcPoint[i][1],0.0f);
        }
        glEnd();

        if(b_depth)
        {
            // 깊이가 m_depth인 평면에 그린 그림
            glBegin(GL_TRIANGLE_STRIP);
            for(i=0;i<m_NumOfPoly;i++)
            {
                glNormal3f(0.0f,0.0f,1.0f);
                glVertex3f(m_LcPoint[i][0],m_LcPoint[i][1],m_depth);
            }
            glEnd();

            glBegin(GL_QUADS);        // 도형의 옆면을 그리는 부분
            glColor3f(1.0f,0.0f,0.0f);
            for(i=0;i<m_NumOfPoly-1;i++)
            {

            unsignedint b=2;
            float v[3][3]={{m_LcPoint[i][0],m_LcPoint[i][1],0},
                        {m_LcPoint[i+1][0],m_LcPoint[i+1][1],0},
                    {m_LcPoint[i+1][0],m_LcPoint[i+1][1],m_depth}};

            //calcNormal(v,normal);
```

```
            glNormal3fv(normal);
            glVertex3f(m_LcPoint[i][0],m_LcPoint[i][1],0);
            glVertex3f(m_LcPoint[i+1][0],m_LcPoint[i+1][1],0);
            glVertex3f(m_LcPoint[i+1][0],m_LcPoint[i+1][1],m_depth);
            glVertex3f(m_LcPoint[i][0],m_LcPoint[i][1],m_depth);

            if(i!=m_NumOfPoly-1&& i!=m_NumOfPoly-2)
            {

            float v[3][3]={{m_LcPoint[i][0],m_LcPoint[i][1],0},
                    {m_LcPoint[i+2][0],m_LcPoint[i+2][1],0},
                {m_LcPoint[i+2][0],m_LcPoint[i+2][1],m_depth}};
 |
```

[Examples]\Chapter08\Mfcgl\MfcglView.cpp

```
 |
              //calcNormal(v,normal);
              glNormal3fv(normal);

              glVertex3f(m_LcPoint[i][0],m_LcPoint[i][1],0);
              glVertex3f(m_LcPoint[i+2][0],m_LcPoint[i+2][1],0);
             glVertex3f(m_LcPoint[i+2][0],m_LcPoint[i+2][1],m_depth);
            glVertex3f(m_LcPoint[i][0],m_LcPoint[i][1],m_depth);
              }


          }

          glEnd();
      }
}
else
{
    float normal[3];
```

```
glBegin(GL_POLYGON);
for(UINT i=0; i<m_NumOfPoly; i++)
{
    glNormal3f(0.0f,0.0f,-1.0f);
    glVertex3f(m_LcPoint[i][0],m_LcPoint[i][1],0.0f);
}
glEnd();

if(b_depth)
{
    glBegin(GL_POLYGON);     // 깊이가 m_depth인 평면에 그린 그림
    for(UINT i=0;i<m_NumOfPoly;i++)
    {
        glNormal3f(0.0f,0.0f,1.0f);
        glVertex3f(m_LcPoint[i][0],m_LcPoint[i][1],m_depth);
    }
    glEnd();

    glBegin(GL_QUADS);       // 도형의 옆면을 그리는 부분
    glColor3f(1.0f,0.0f,0.0f);
    for(i=0;i<m_NumOfPoly-1;i++)
    {

    float v[3][3]={{m_LcPoint[i][0],m_LcPoint[i][1],0},
                   {m_LcPoint[i+1][0],m_LcPoint[i+1][1],0},
            {m_LcPoint[i+1][0],m_LcPoint[i+1][1],m_depth }};
```

[Examples]\Chapter08\Mfcgl\MfcglView.cpp

```
        //calcNormal(v,normal);
        glNormal3fv(normal);
        glVertex3f(m_LcPoint[i][0],m_LcPoint[i][1],0);
        glVertex3f(m_LcPoint[i+1][0],m_LcPoint[i+1][1],0);
        glVertex3f(m_LcPoint[i+1][0],m_LcPoint[i+1][1],m_depth);
        glVertex3f(m_LcPoint[i][0],m_LcPoint[i][1],m_depth);
        }

        float v[3][3]={{m_LcPoint[0][0],m_LcPoint[0][1],m_depth },
                      {m_LcPoint[i][0],m_LcPoint[i][1],m_depth },
                       {m_LcPoint[i][0],m_LcPoint[i][1],0}};
        //calcNormal(v, normal);
        glNormal3fv(normal);
        glVertex3f(m_LcPoint[0][0],m_LcPoint[0][1],m_depth);
        glVertex3f(m_LcPoint[i][0],m_LcPoint[i][1],m_depth);
        glVertex3f(m_LcPoint[i][0],m_LcPoint[i][1],0.0f);
        glVertex3f(m_LcPoint[0][0],m_LcPoint[0][1],0.0f);
        glEnd();
        }
    }
}
```

[Examples]\Chapter08\Mfcgl\MfcglView.cpp

(4) 실행하기

실행 결과를 살펴보자. 트라이앵글 스트립의 기본으로 사용될 3차원의 삼각형 객체를 그리고, 이를 여러 번 반복 생성하여 그림 8.7과 같은 복잡한 3차원 도형을 그려보자.

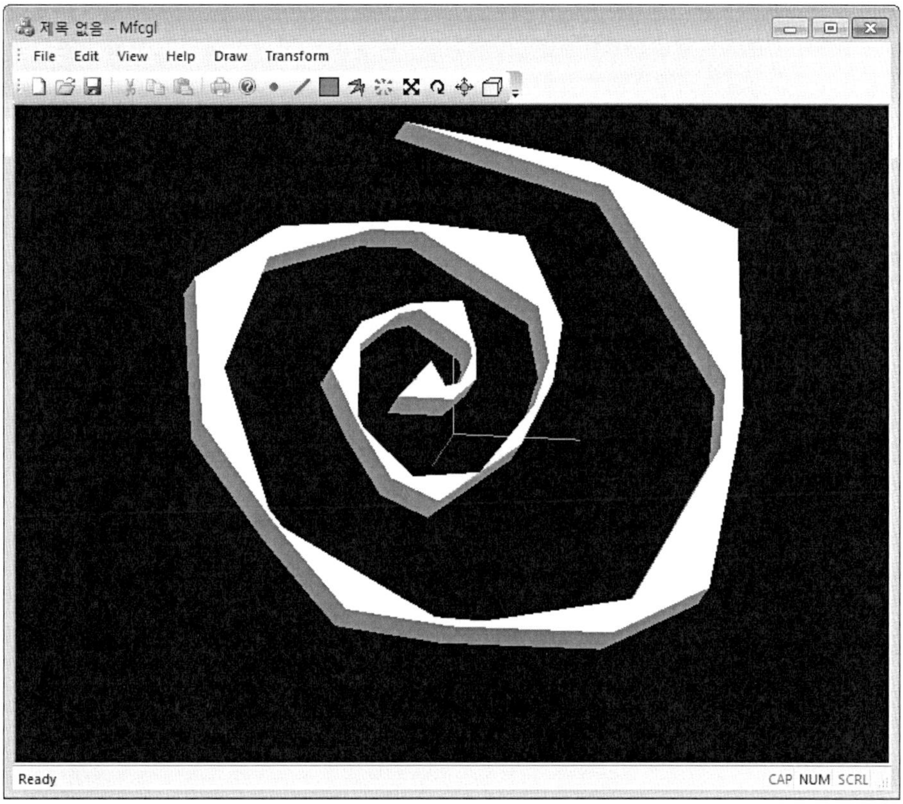

그림 8.7 트라이앵글 스트립을 이용한 복잡한 다각형 그리기

정리하기

- 복잡한 다각형을 그리기 위해 본 장에서 사용한 트라이앵글 스트립 이 외에도 다양한 OpenGL 옵션을 이용하여 다각형을 그려 보도록 하자.
- 이번 장에서는 7장에서 실습한 3차원 다각형 그리기보다 복잡한 연산을 하는 프로그램을 작성하였다. 제시된 프로그램 코드를 그대로 따라 함으로써 기본적인 구현과정을 이해하도록 하고, 작성된 프로그램 코드를 세밀히 읽어보고 구조를 파악하여 복잡한 다각형 그리기가 어떻게 구현되었는지 고민해 보자.

Chapter 09

평행 투영법과 원근 투영법의 구현

학습목표

이 장에서는 3차원 그래픽스 가시화에서 사용되는 투영법(projection)에 대해 이해하고, 3차원 다각형의 가시화에 OpenGL 프로그래밍을 통하여 평행 투영법과 원근 투영법을 각각 적용하여 그 차이를 비교해 보자.

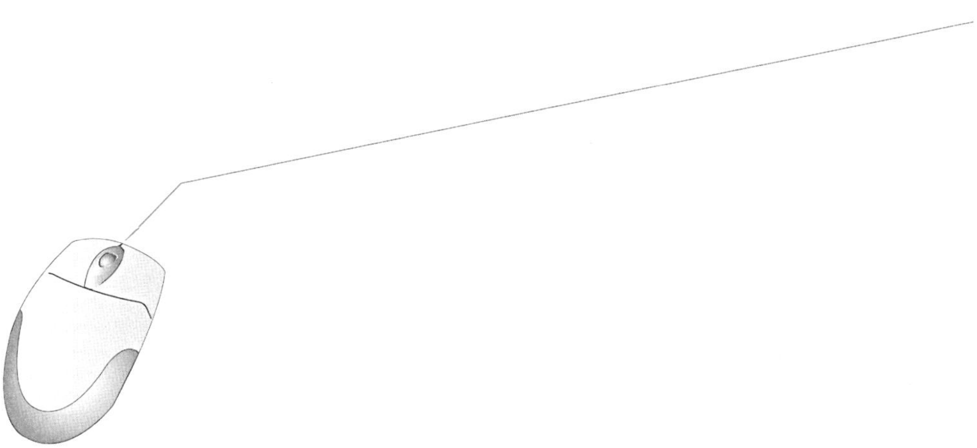

9.1 평행 투영과 원근 투영의 비교

3차원 그래픽스는 실세계의 객체나 가상의 물체를 입체적으로 실감 있게 표현할 수 있다. 3차원 그래픽스에서 3차원 물체의 생성은 2차원 그래픽스에 비해 훨씬 복잡하고, 처리하는 데 많은 시간이 소요된다. 따라서 더 큰 효과를 기대할 수 있는 경우에 한하여 3차원 그래픽스로 표현하는 것이 바람직하다.

3차원 그래픽스의 일반적인 생성과정과 처리과정은 다음과 같다.

첫째, 물체의 기하적인 형상을 모델링(Modeling) 한다. 이 경우에는 3차원 좌표계에서 실세계나 가상의 물체의 모양을 표현하는 과정으로 여러 가지 모델링하는 기법이 존재한다. 예를 들어, 와이어프레임(Wire-frame) 모델에서는 물체의 형태를 연결된 선을 이용하여 3차원 물체의 외형을 표현한다. 반면에 솔리드 모델링(Solid Modeling) 기법은 사면체, 육면체, 구, 원통, 원뿔 등과 같이 수학적으로 정의할 수 있는 기본적인 3차원 객체들의 집합으로 원하는 형태를 표현하므로 기계부품과 같이 정형화된 형태를 표현하기에 적절하다. 또한, 경우에 따라서는 사람의 얼굴이나 실제 물체를 3차원 디지타이저나 3차원 레이저 스캐너와 같은 장치를 이용하여 스캐닝 한 데이터를 얻어 물체의 형태를 모델링하기도 한다.

둘째, 3차원 물체를 2차원 평면에 투영(Projection)한다. 모델링 과정을 거쳐 3차원 객체의 형태가 구성된 후에는 3차원 객체를 2차원 화면에 투영하여야 한다. 왜냐하면, 3차원 물체가 실제로 표현되는 디스플레이 장치나 프린터는 2차원 출력 장치이기 때문이다. 즉, 3차원 물체가 2차원 평면상에서 어떻게 보이는지 처리하는 과정을 투영이라 한다. 투영에는 평행 투영법(Parallel projection)과 원근 투영법(Perspective projection)의 두 가지가 있다. 평행 투영에서는 물체의 거리에 관계없이 투영 면 상에 물체의 실제 크기나 길이가 나타나므로 건축이나 기계설계에서와 같이 실제 길이를 정확히 표현하고자 할 때 적절한 투영법이다. 반면에, 원근 투영에서는 가까이 있는 물체는 크게, 멀리 위치한 물체는 작게 표현함으로써 3차원 객체가 실제와 유사한 투영방식으로 투영된다. 따라서 원근 투영은 카메라를 이용하여 사진을 찍는 것처럼 화면에 표현된다.

평행 투영은 모든 면이 정사각형으로 이루어진 형태의 관측 공간을 가지고 있다.

앞, 뒤, 위, 아래, 왼쪽, 오른쪽의 모든 면이 균일한 폭의 단위로 사용되고 있다. 이는 평행 투영을 생성하며 이 투영은 멀리서 보았을 때, 원근 효과가 나타나지 않는 특정 물체를 그릴 때 사용된다.

원근 투영은 관측자로부터 멀리 떨어진 물체를 작게 축소된 형태로 나타낸다. 관측 공간의 뒷부분에 사용되는 폭의 단위는 관측 공간 앞쪽에서 사용하는 폭의 단위와 일치하지 않는다.

아래의 그림 9.1에서 두 개의 투영 방법을 기하학적으로 비교해 보자. 왼쪽이 평행 투영 방식을 표현한 예이고, 오른쪽이 원근 투영 방식을 표현한 예이다. 두 가지 투영 방식의 차이를 느낄 수 있겠는가?

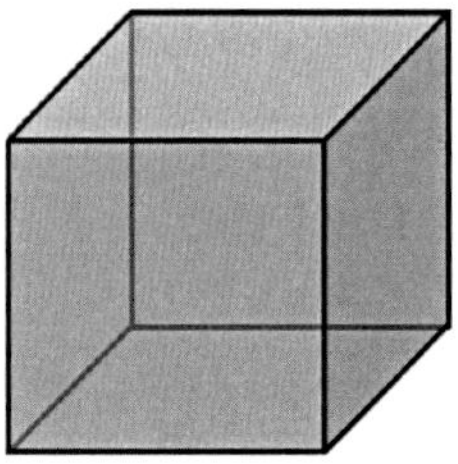

〈평행 투영 방식(parallel projection)〉

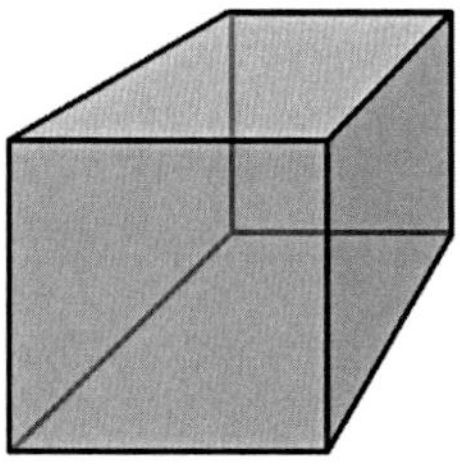

〈원근 투영 방식(perspective projection)〉

그림 9.1 3차원 물체의 투영 방식

9.2 투영법의 구분과 적용

(1) 메뉴 추가하기

메뉴 바에서 View 메뉴를 새로 생성하고 그 하부 메뉴로 원근 투영과 평행 투영을 선택하여 적용할 수 있는 두 개의 메뉴를 그림 9.2와 9.3과 같이 실행하기 위해 다음과 같은 기본 메뉴 정보를 만들어 보자.

원근 투영 선택 메뉴

ID : ID_VIEW_PERSPECTIVE
Caption : Perspective

평행 투영 선택 메뉴

ID : ID_VIEW_PARALLEL
Caption : Parallel

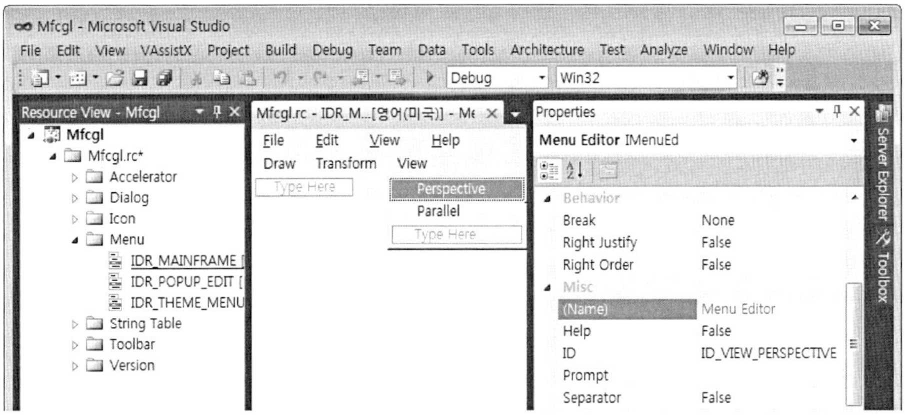

그림 9.2 원근 투영(Perspective projection) 메뉴 추가하기

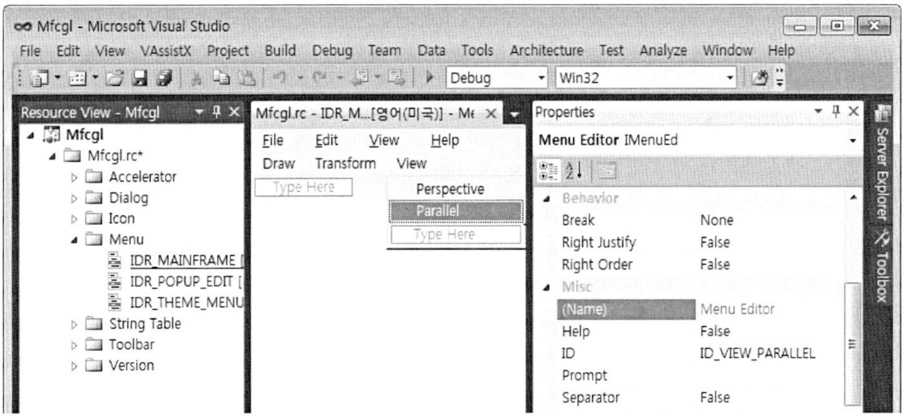

그림 9.3 평행 투영(Parallel projection) 메뉴 추가하기

이와 같은 방법으로 툴바에도 Perspective와 Parallel 버튼을 그림 9.4와 9.5와 같이 만든다. 이때 반드시 ID는 각각 ID_VIEW_PERSPECTIVE와 ID_VIEW_PARALLEL로 설정한다.

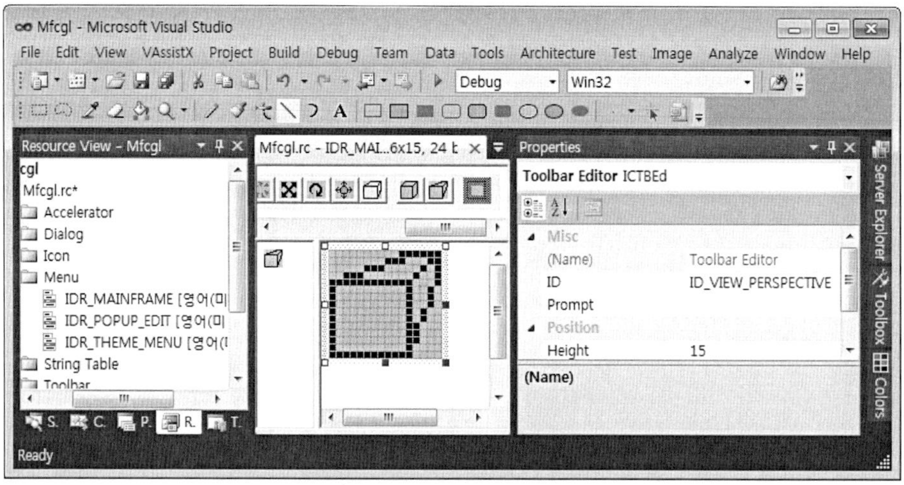

그림 9.4 원근 투영(Perspective projection) 버튼 추가하기

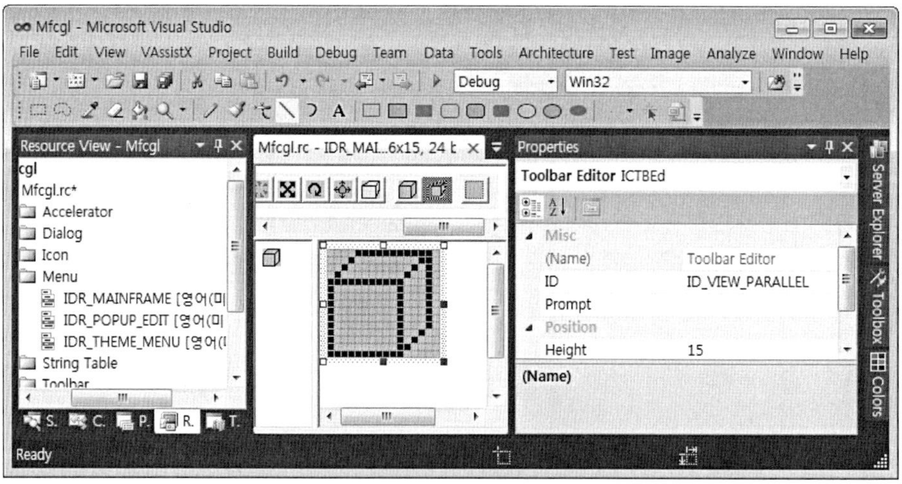

그림 9.5 평행 투영(Parallel projection) 버튼 추가하기

(2) 변수 선언과 초기화하기

CMfcglView 클래스에 그림 9.6과 같이 다음의 멤버 변수를 선언하고 CMfcglView 생성자에서 false로 초기화한다.

```
bool b_perspective;
```

[Examples]\Chapter09\Mfcgl\MfcglView.h

```
b_perspective=false;
```

[Examples]\Chapter09\Mfcgl\MfcglView.cpp

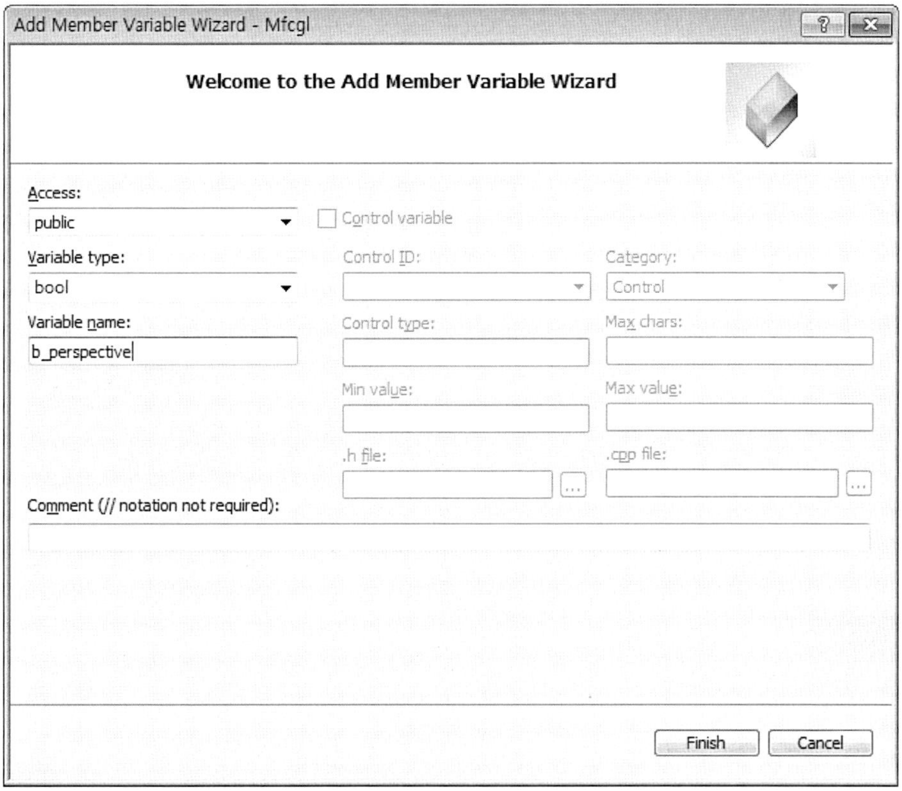

그림 9.6 멤버 변수(bool b_perspective) 추가하기

(3) 소스 작성하기

Class Wizard를 실행하고 `CMfcglView` 클래스에 `OnViewPerspective()` 함수와 `OnViewParallel()` 함수를 추가한다(그림 9.7과 9.8 참조).

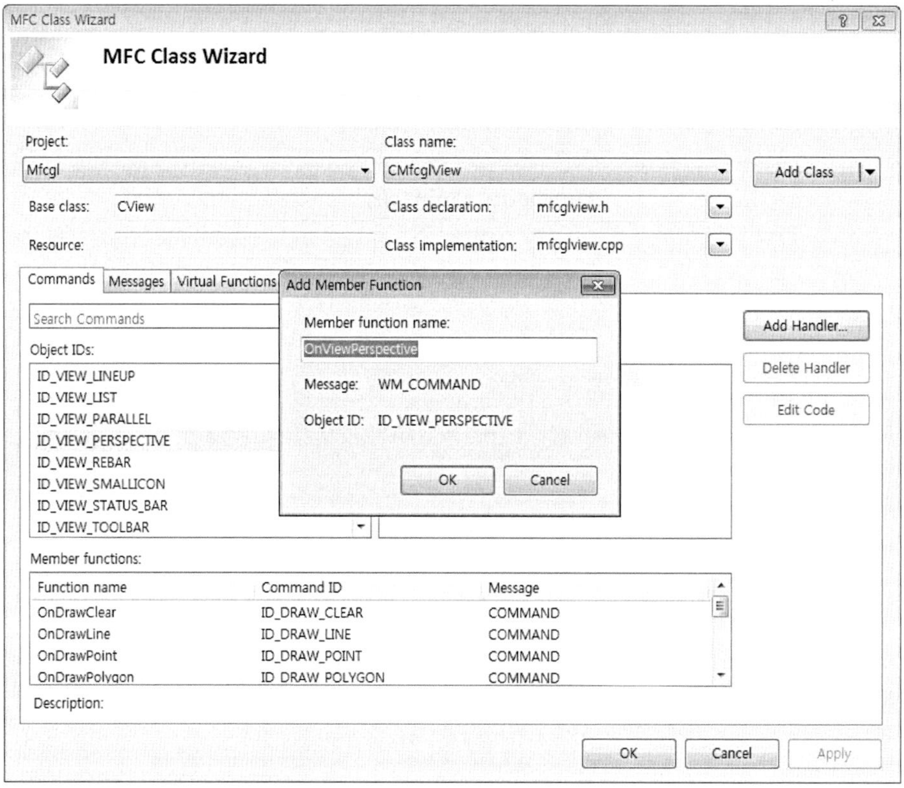

그림 9.7 OnViewPerspective() 함수 추가하기

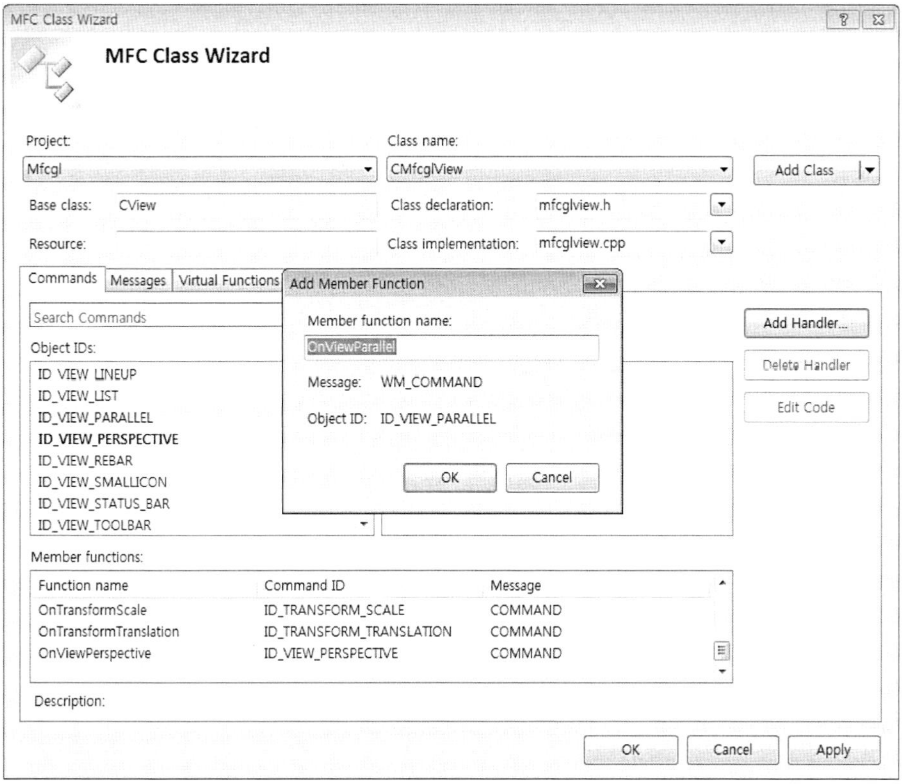

그림 9.8 OnViewParallel() 함수 추가하기

그리고 다음과 같이 OnViewPerspective()와 OnViewParallel() 함수를 각각 수정하자.

```
void CMfcglView::OnViewPerspective()
{
        // TODO: Add your command handler code here
        b_perspective=true;
        Invalidate();
}

void CMfcglView::OnViewParallel()
{
```

```
    // TODO: Add your command handler code here
    b_perspective=false;
    Invalidate();
}
```

[Examples]\Chapter09\Mfcgl\MfcglView.cpp

CMfcglView 클래스에 RenderSetup() 함수를 추가로 생성하고 다음의 코드를 작성한다.

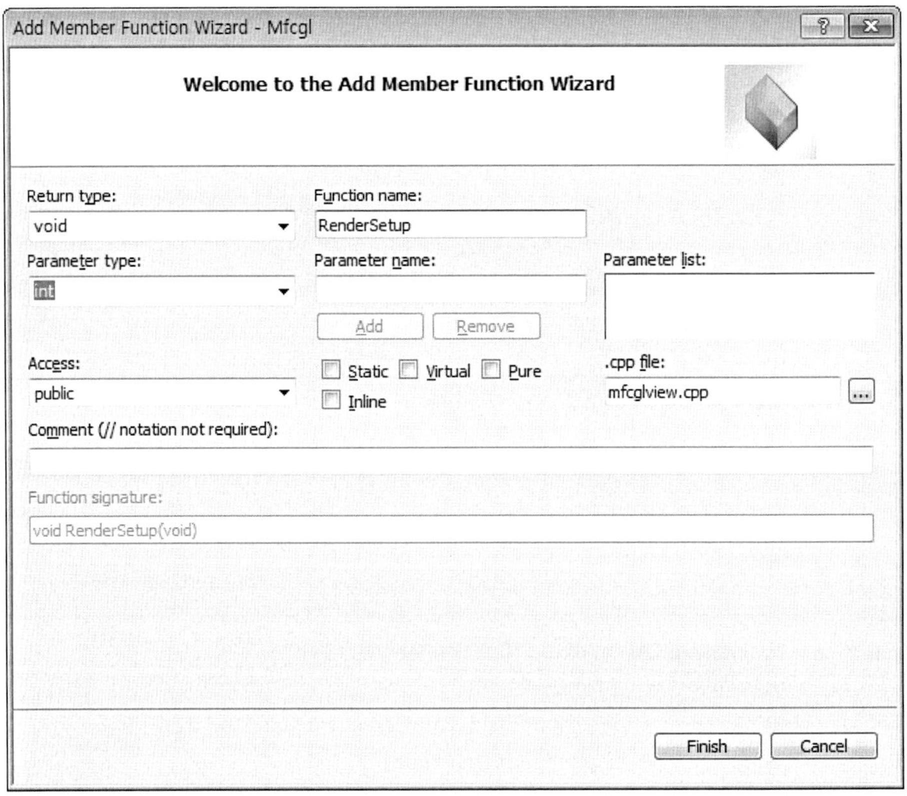

그림 9.9 RenderSetup() 함수 추가하기

```
void CMfcglView::RenderSetup(void)
{
    GLfloat nRange = 100.0f;
    glMatrixMode(GL_PROJECTION);
    glLoadIdentity();

    if(b_perspective)
    {
        glViewport(0,0,width,height);

        GLfloat fAspect = width/height;
        gluPerspective(70.0f,fAspect,1.0f,500.0f);
        gluLookAt(0.0f,0.0f,143.0f,0.0f,0.0f,0.0f,0.0f,1.0f,0.0f);
    }
    else
    {
        if(width <= height)
            glOrtho (-nRange, nRange,-nRange*height/width,
                        nRange*height/width, nRange,-nRange);
        else
            glOrtho (-nRange*width/height, nRange*width/height,
                        -nRange, nRange, nRange,-nRange);
    }

    glMatrixMode(GL_MODELVIEW);
    glLoadIdentity();
}
```

[Examples]\Chapter09\Mfcgl\MfcglView.cpp

작성된 코드에서 사용된 OpenGL 함수는 다음과 같다.

```
void gluPerspective(GLdouble fovy,  GLdouble aspect,
                    GLdouble zNear, GLdouble zFar);
```

관측 원근 투영 행렬을 정의한다. 이 함수는 실세계 좌표계에서 관측 절두체를 나타내는 행렬을 생성한다. 종횡비는 뷰포트(view port)의 종횡비와 일치해야 한다.

원근 투영이 이루어지는 영역은 화각과 Z축으로의 원근(near/far) 절단 평면 사이의 거리로 나타난다.

- fovy : 도(degree)로 나타낸 화각이다. Y축 방향이다.
- aspect : 종횡비(X/Y)이다. 이는 X축 방향의 화각을 결정하는 데 사용된다.
- zNear, zFar : 원근 절단평면 사이의 거리이다. 이 값은 항상 양의 값을 가진다.

```
void gluLookAt(GLdouble eyeX,     GLdouble eyeY,     GLdouble eyeZ,
               GLdouble centerX, GLdouble centerY, GLdouble centerZ,
               GLdouble upX,     GLdouble upY,     GLdouble upZ);
```

관측 변환을 정의한다. 눈의 위치와 화면의 중심 그리고 관측자가 바라보는 방향의 위쪽을 향하는 벡터에 따라 관측 변환을 정의한다.

- eyeX, eyeY, eyeZ : 눈의 위치에 해당하는 X, Y, Z 좌표 값이다.
- centerX, centerY, centerZ : 바라보는 화면의 중심에 해당하는 X, Y, Z 좌표 값이다.
- upX, upY, upZ : 상단벡터를 나타내는 X, Y, Z 좌표 값이다.

```
void glOrtho(GLdouble  left,     GLdouble  right,
             GLdouble  bottom,   GLdouble  top,
             GLdouble  nearVal,  GLdouble  farVal);
```

화면 상의 좌표축을 강제로 설정하는 함수로서 실제 glViewport()에서 설정한 화면 종횡비를 기준으로 직교좌표계로 설정해 준다.

- left, right : 화면이 그려질 영역을 좌표계상의 좌측과 우측의 범위로 지정한다.
- bottom, top : 화면이 그려질 영역을 좌표계상의 상단과 하단의 범위로 지정한다.
- nearVal, farVal : 3차원 객체가 그려질 영역을 좌표계상에서, 시점을 기준으로 최단거리와 최장거리로 지정한다.

이번에는 GLRenderScene() 함수로 이동하여 RenderSetup() 함수를 호출하는 코드를 추가한다. 이때 Trans() 함수 호출 전에 RenderSetup() 함수가 호출되도록 해야 한다.

```
void CMfcglView::GLRenderScene(void* pData)
{
        CMfcglDoc* pDoc =GetDocument();
        // Clear the window with current clearing color
        glClear(GL_COLOR_BUFFER_BIT | GL_DEPTH_BUFFER_BIT);

        RenderSetup();
        Trans();
```

[Examples]\Chapter09\Mfcgl\MfcglView.cpp

(4) 실행하기

지금까지의 작업을 실행하기 위해 임의의 다각형을 그리고 깊이 값을 주어 3차원으로 변형한 후 평행 투영과 원근 투영을 적용시켜 그림 9.10과 9.11과 같은 결과가 나오는지 확인해 보자.

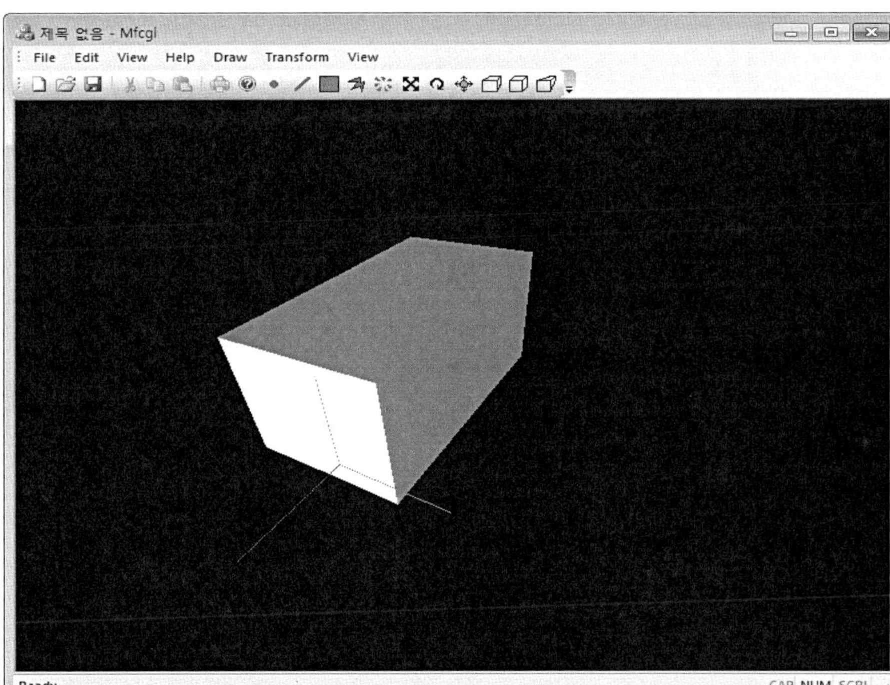

그림 9.10 원근 투영 실행결과

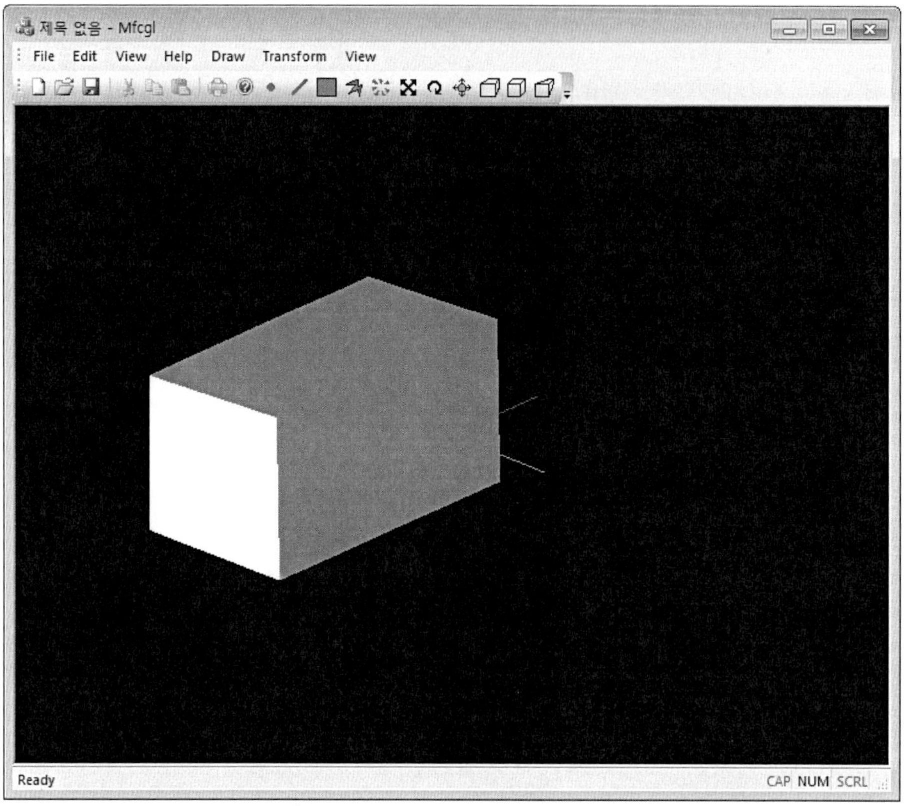

그림 9.11 평행 투영 실행결과

정리하기

- 이 장에서는 3차원 가시화에서 중요한 요소 중 하나인 투영법에 대해 실습하였다. 원근 투영 방식은 3차원 객체가 원근감을 가지도록 렌더링하므로, 평행 투영 방식에 비해 3차원 공간감을 더 느끼게 해 준다.
- 다음의 기능을 수행하는 OpenGL 함수는 무엇인가?
  1) 관측 원근 투영 행렬을 정의하는 함수. (   )
  2) 관측 변환을 정의하는 함수. (   )
  3) 화면 상의 좌표축을 직교좌표계로 설정하는 함수. (   )

Chapter 10

색상과 조명 효과 부여하기

학습목표

OpenGL에서는 여러 가지 조명 조건에 대해 현실에 가깝게 표현할 수 있다. 조명은 물체 자체에서 빛을 발산하지 않는 한 주변광(Ambient light), 난반사광(Diffuse light), 전반사광(Specular light)의 빛을 받게 된다. 본 장에서는 이 세 종류의 빛의 특성을 파악하고 빛이 물체에 작용하였을 때 빛의 색상이 물체의 재질 색에 따라 변화하는 특성을 이해하도록 하자.

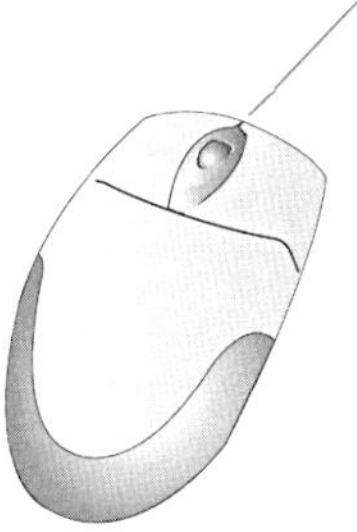

10.1 색상과 조명 효과

(1) 주변광(Ambient light)

주변광은 일정한 방향성이 없는 빛이다. 빛의 근원은 있지만, 광선은 일정한 공간이나 화면 등에 반사되어 비춰져서 방향성을 상실하게 된다. 주변광을 받는 물체는 모든 방향에 대해 모든 면이 고르게 비춰진다. 지금까지의 실습들에서 우리가 생성한 도형들은 그들을 바라보는 각도나 회전에 관계없이 고른 색을 가지고 있기 때문에, 매우 밝은 주변광을 사용했다고 볼 수 있다.

(2) 난반사광(Diffuse light)

난반사광은 확산광이라고 부르기도 하며, 특정 방향으로부터 비춰지지만 표면에 고르게 반사된다. 빛이 고르게 반사된다 해도, 빛이 표면에 직접 비출 때보다 표면을 특정한 각도로 스쳐 지나갈 때, 물체의 표면이 더 밝게 보이게 된다. 난반사광의 좋은 예로 형광 물질에 비친 빛이나 정오에 창틀 사이로 스며들어 오는 태양빛을 들 수 있다.

(3) 전반사광(Specular light)

방향을 가지는 빛이다. 일반적으로 반사광이라고 부른다. 하지만 사방으로 빛을 반사시키는 난반사광과는 달리 특정 방향으로만 뚜렷하게 빛을 반사시킨다. 강한 전반사광이 물체에 닿으면 그 표면에 반사 영역(spot)이 생기는데, 이것을 전반사 하이라이트(Specular Highlight)라고 한다.

(4) 재질(Materials)

물체가 준비되었으나 아직 빛을 받아들이기에는 부족하다. 왜냐하면 같은 모양의 물체라도 나무냐 금속이냐에 따라서 빛이 비치는 모습이 다르기 때문이다. 즉, 물체의 재질에 따라 빛의 작용이 다르다는 것을 의미한다.

물체의 재질로는 어떤 속성들이 있는지 살펴보자. Ambient, Diffuse, Specualr, Emission, Shiness가 있다. 쉽고 익숙한 말로 풀어보면 Ambient는 물체가 은은하게 나타내는 색이고, Diffuse는 물체의 주된 색상이다. Specular는 물체가 빛에 정면으로 비칠 때 나타내는 색이고, Emisson은 발광색이다. 또한, Shiness는 빛나는 정도를 의미한다. 물체의 대부분의 경우 Ambient와 Diffuse는 같은 값을 가지며 빛을 정면으로 받을 때의 색은 순백색이다. Shiness는 Spot Highlight의 크기를 나타내는데 그 값은 0~128 사이로 커질수록 그 Spot Highlight의 크기가 작아지면서 더욱 진하게 된다.

(5) 재질에 조명 추가하기

물체를 그릴 때, 그것을 구성하는 각 픽셀이 어떤 색을 나타내는지 결정하게 된다. 이 물체는 반사하는 색을 가지고 있으며, 광원 또한 자체적으로 색을 가지고 있다. 기본 요소의 각 정점은 주변광, 난반사광, 전반사광과 재질 속성에 의한 주변광, 난반사광, 전반사광의 반사율을 곱하여 나타낸 RGB 값으로 지정한다. 그리고 각 정점 사이를 부드러운 셰이딩(smooth shading)으로 연결하여 조명 효과가 나타나게 한다.

(6) 주변광 효과 계산

주변 광원(ambient light source)의 RGB 각 성분이 (0.5, 0.5, 0.5)의 세기를 가질 때 RGB 값, (0.50, 1.0, 0.50)으로 명시된 주변 반사 속성(ambient reflective property)을 갖는 물체를 비추게 되면, 주변광으로부터 나오는 순수색 성분은 주변 광원의 각 성분을 주변 반사 속성의 각 성분과 곱한 값이다.

$$(0.50 \times 0.50,\ 0.50 \times 1.0,\ 0.50 \times 0.50) = (0.25,\ 0.5,\ 0.25)$$

(7) 난반사광과 전반사광 효과

난반사광은 방향 성분을 포함하기 때문에 물체의 표면에 비치는 각 빛의 세기는 표면과 광원과의 각도, 광원과의 거리, 감쇄(attenuation) 요소 등에 따라 달라진다. 전반사광에도 이와 같은 원리가 적용된다. 이러한 효과의 RGB 값은 주변광과 마찬가지로 광원의 세기와 재질의 반사율의 곱으로 나타낸다. 마지막으로 RGB의 각 성분을 더해서 물체의 최종 색을 결정한다.

10.2 주변광 효과 구현하기

(1) 메뉴 만들기

메뉴 바에서 View 메뉴의 하부 메뉴로 광원효과를 위한 메뉴를 그림 10.1과 같이 아래의 정보를 추가한다.

```
ID : ID_VIEW_LIGHT
Caption : Light
```

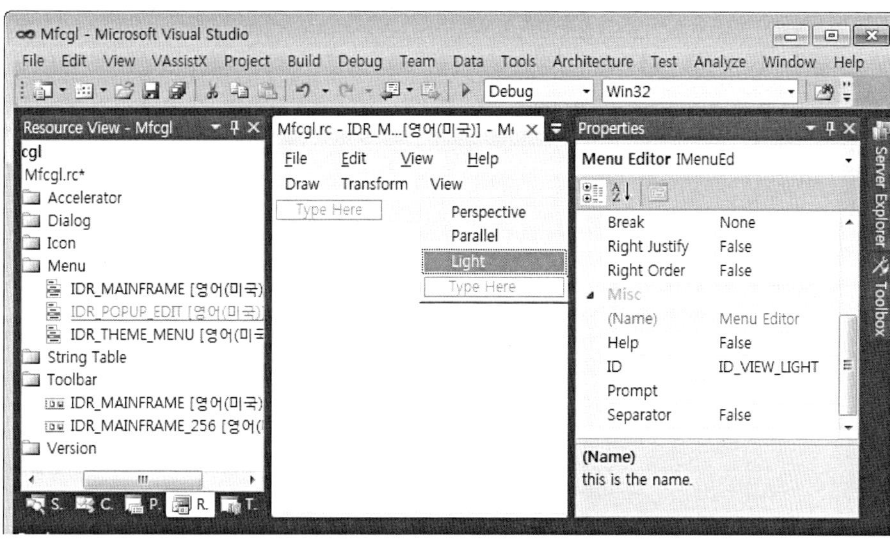

그림 10.1 광원효과를 위한 메뉴 생성하기

툴바에도 `ID_VIEW_LIGHT`의 ID를 가지는 버튼을 새로 만들기 위해 그림 10.2와 같이 임의로 디자인해 보자.

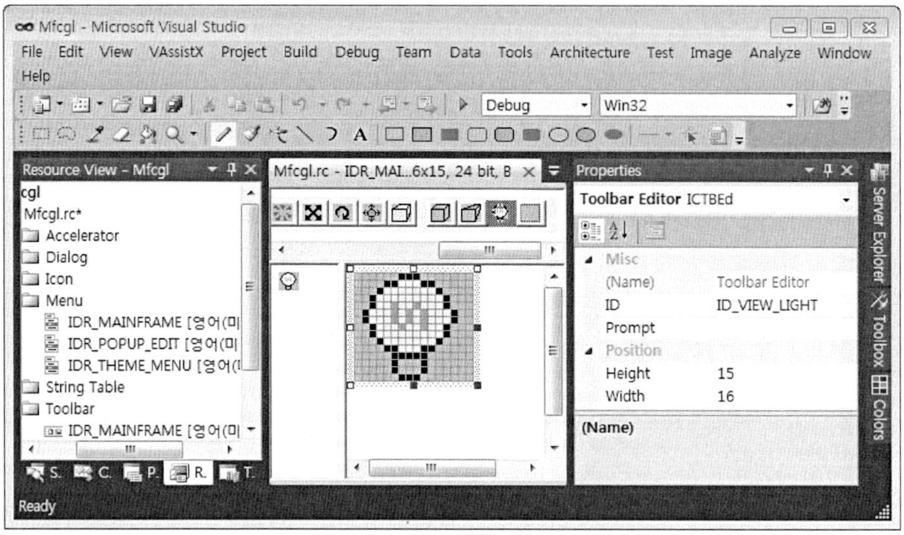

그림 10.2 광원효과를 위한 버튼 생성하기

그림 10.3의 Class Wizard에서 `CMfcglView` 클래스에 `OnViewLight()` 함수를 등록한다.

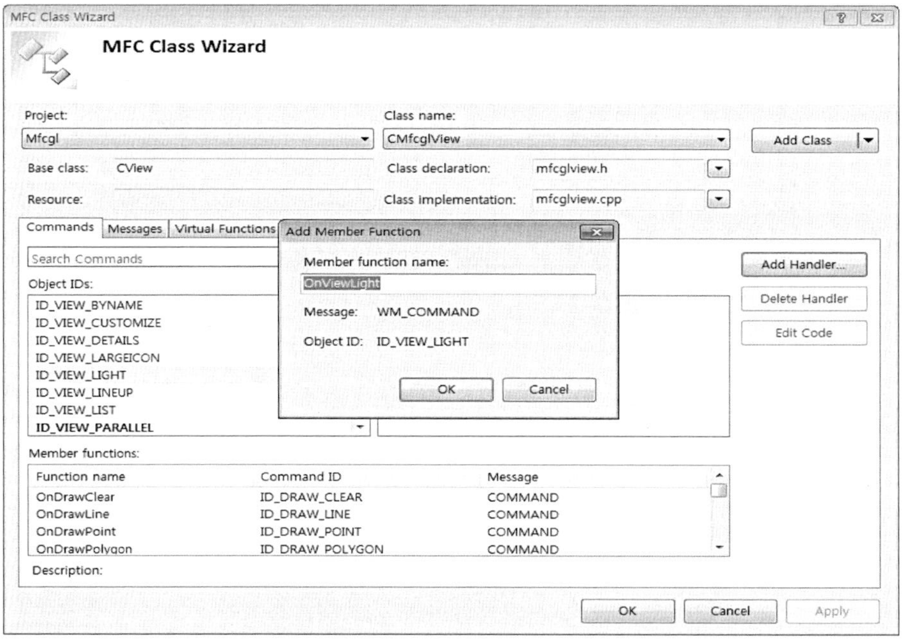

그림 10.3 Class Wizard를 통한 `OnViewLight()` 함수 등록하기

(2) 변수 선언과 초기화하기

CMfcglView 클래스에서 다음의 주변광과 light 멤버 변수를 그림 10.4와 그림 10.5 같이 추가한다.

```
GLfloat m_aLight; // Ambient Light의 값을 받기 위한 변수
bool b_light;     // Light 버튼의 클릭 확인을 위해 필요하다.
```

[Examples]\Chapter10\Mfcgl\MfcglView.h

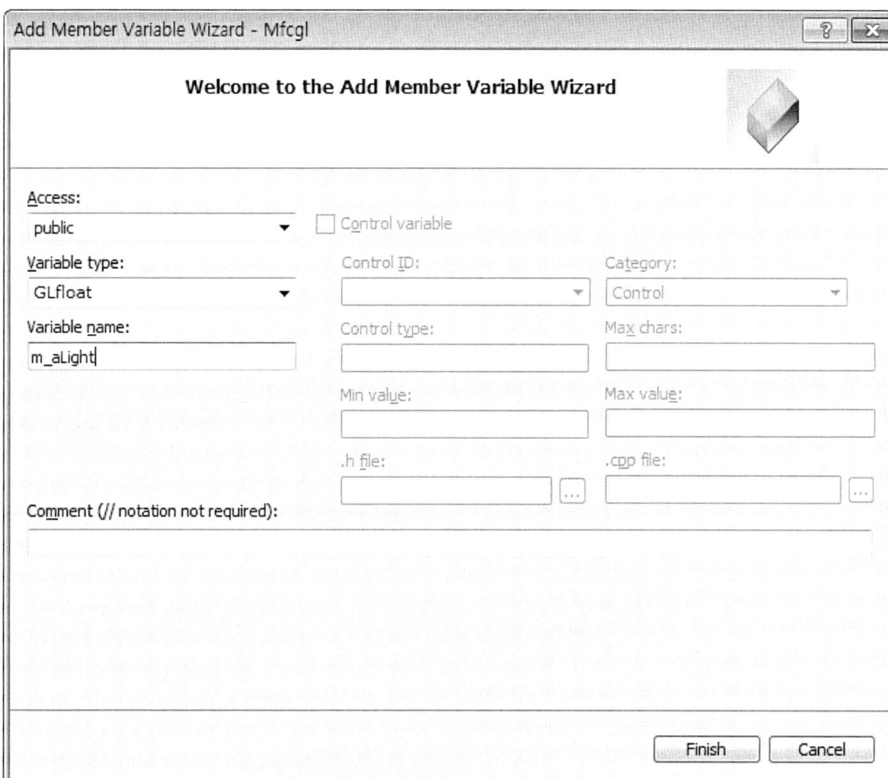

그림 10.4 주변광(ambient light)의 값을 받기 위한 멤버 변수 추가하기

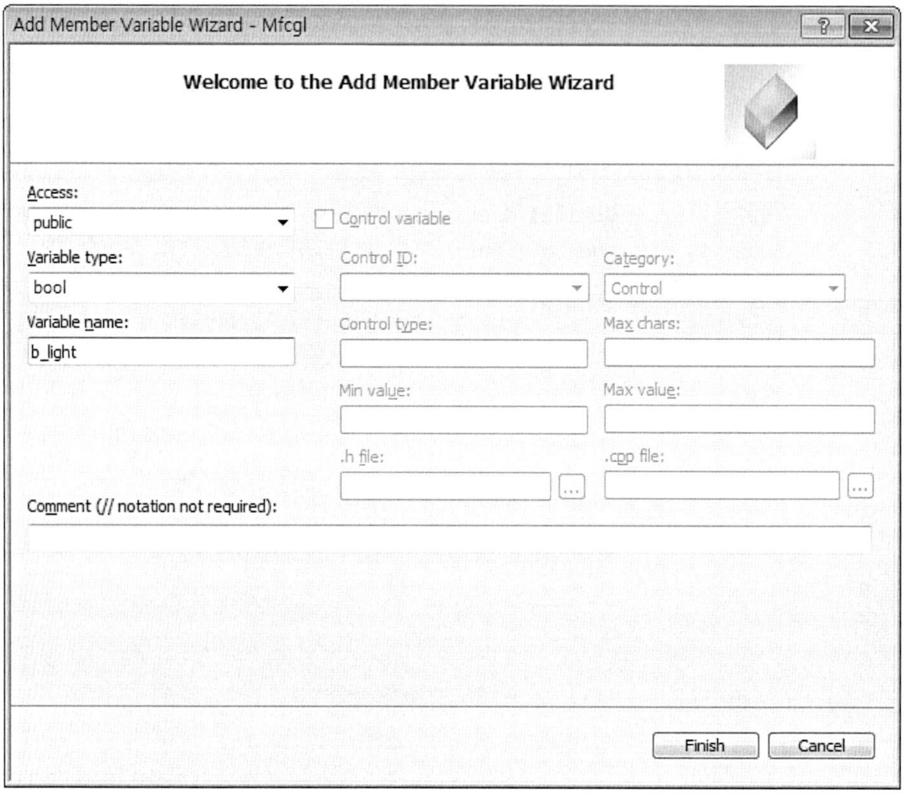

그림 10.5 Light 버튼의 수행여부를 확인하기 위한 멤버 변수 추가하기

곧이어 `CMFCglView()`에서 b_light를 `false`로 초기화한다.

```
090:        b_light=false;
```

[Examples]\Chapter10\Mfcgl\MfcglView.cpp

(3) 다이얼로그 박스 만들기

Resource View에서 다음의 주변광 세기를 입력 받을 다이얼로그 박스를 그림 10.6과 같이 추가한다.

```
ID : IDD_LIGHTDLG
Caption : Light
```

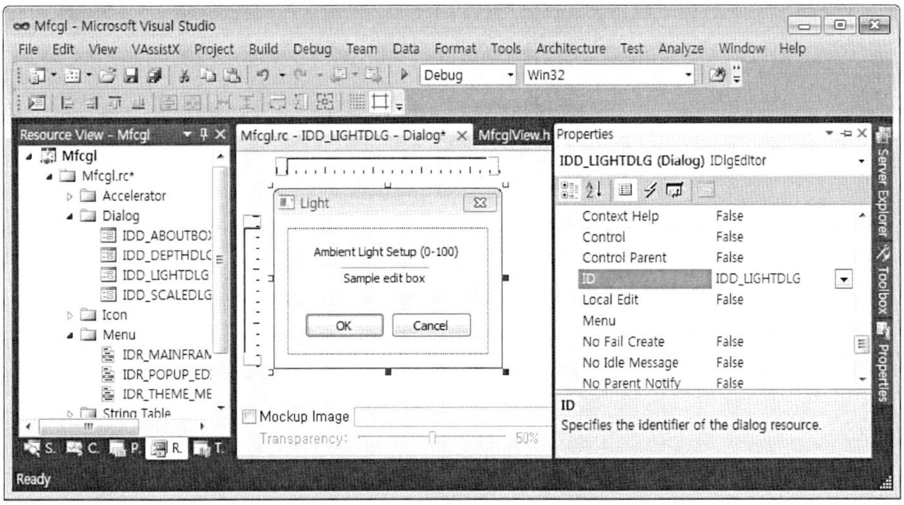

그림 10.6 주변광 세기를 입력 받을 다이얼로그 생성하기

그리고 그림 10.7과 같이 Static Text와 주변광 값을 입력 받기 위한 Edit Box를 만든다. Static Text의 내용과 Edit Box의 ID는 아래와 같이 하자.

```
Static Text : Ambient Light Setup (0-100)
Edit Box의 ID : IDC_EDIT_Alight
```

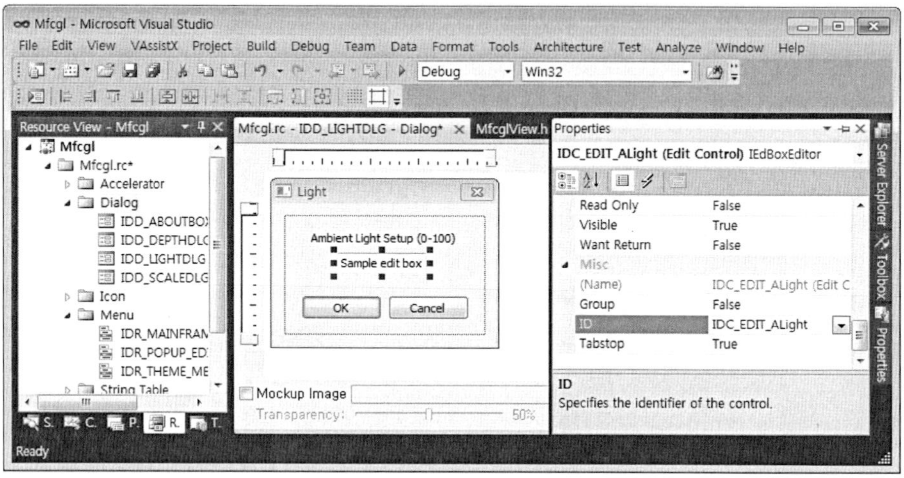

그림 10.7 주변광 값을 입력 받기 위한 Edit Box 생성하기

(4) 새로운 클래스 만들기

Class Wizard에서 Class Name을 `CLightDlg`로 설정하여 새로운 클래스를 그림 10.8과 같이 만든다.

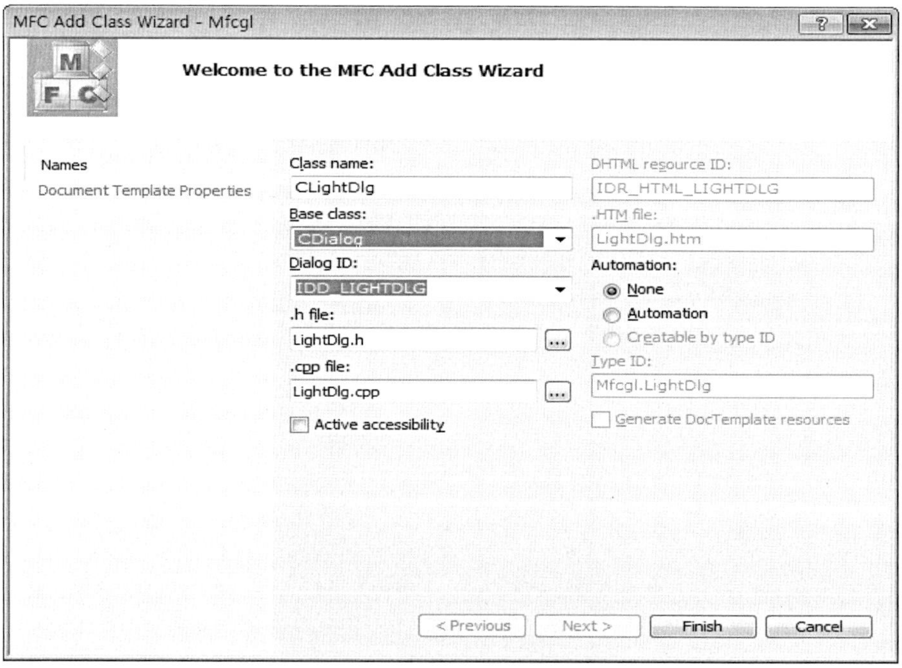

그림 10.8 `CLightDlg`를 위한 새 MFC 클래스 생성하기

CLightDlg 클래스에 다음의 멤버 변수를 선언한다.

```
        GLfloat a_Light;
```

[Examples]\Chapter10\Mfcgl\LightDlg.h

그리고 생성자인 CLightDlg()에서 다음과 같이 초기화한다.

```
CLightDlg::CLightDlg(CWnd* pParent /*=NULL*/)
        :CDialog(CLightDlg::IDD, pParent)
        ,a_Light(0)
{
        a_Light = 20.0f;
}
```

[Examples]\Chapter10\Mfcgl\LightDlg.cpp

CLightDlg 클래스의 멤버 함수 DoDataExchange() 함수에 다음을 추가한다.

```
void CLightDlg::DoDataExchange(CDataExchange* pDX)
{
        CDialog::DoDataExchange(pDX);
        DDX_Text(pDX, IDC_EDIT_ALight, a_Light);
}
```

[Examples]\Chapter10\Mfcgl\LightDlg.cpp

mfcglView.cpp 파일의 상단에 다음의 전 처리기를 추가 입력한다.

```
#include "LightDlg.h"
```

[Examples]\Chapter10\Mfcgl\MfcglView.cpp

(5) 소스 코드 작성하기

CMfcglView 클래스의 OnViewLight() 함수에 다음의 코드를 작성한다.

```
void CMfcglView::OnViewLight()
{
        // TODO: Add your command handler code here
        CLightDlg dlg;
        if(dlg.DoModal()==IDOK)
        {
                if(dlg.a_Light >=0)
                        m_aLight=dlg.a_Light/100.0f;
                b_light=true;
        }
        Invalidate();
}
```

[Examples]\Chapter10\Mfcgl\MfcglView.cpp

CMfcglView 클래스에 Light() 함수를 그림 10.9처럼 등록하기 위해 다음과 같이 작성한다.

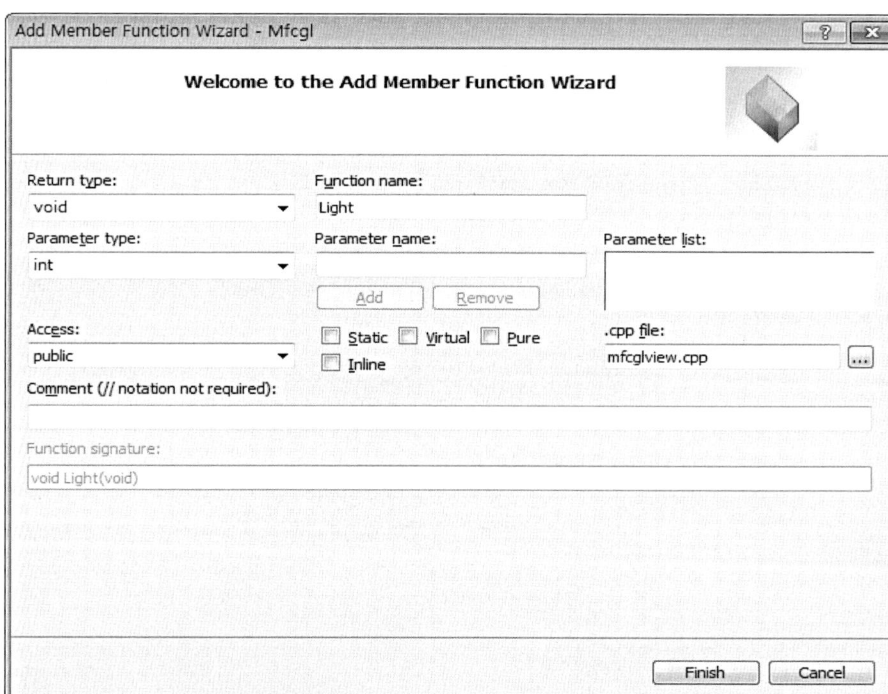

그림 10.9 Light() 함수 등록하기

```
void CMfcglView::Light(void)
{
        GLfloat ambientLight[]={ m_aLight, m_aLight, m_aLight,1.0f };

        if(b_light)
        {
                glEnable(GL_LIGHTING);
                glLightModelfv(GL_LIGHT_MODEL_AMBIENT,ambientLight);

                glEnable(GL_COLOR_MATERIAL);
                glColorMaterial(GL_FRONT, GL_AMBIENT_AND_DIFFUSE);
        }
}
```

[Examples]\Chapter10\Mfcgl\MfcglView.cpp

- `glEnable(GL_LIGHTING)`

  OpenGL에서 조명 효과를 위한 연산을 수행하도록 설정한다.

- `glLightModelfv(GL_LIGHT_MODEL_AMBIENT,ambientLight)`

  조명 효과 모델로 ambientLight를 사용하도록 한다.

- `glEnable(GL_COLOR_MATERIAL)`

  컬러 트래킹을 사용하도록 설정한다.

- `glColorMaterial(GL_FRONT, GL_AMBIENT_AND_DIFFUSE)`

  glColor로 명시된 색대로 재질 속성을 설정한다. 기본 값으로, 컬러 트래킹(color tracking)은 사용 불가능 상태(disable)로 설정되어 있다. 사용 가능하도록(enable) 하려면, glEnable(GL_COLOR_MATERIAL)함수를 호출해야 한다. 다시 컬러 트래킹을 사용 불가능 상태로 전환하려면 glDisable(GL_COLOR_ MATERIAL) 함수를 호출하면 된다.

다음과 같이 `Light()` 함수를 `GLRenderScene()`에서 호출하도록 코드를 추가한다.

```
void CMfcglView::GLRenderScene(void* pData)
{
        CMfcglDoc* pDoc = GetDocument();
        // Clear the window with current clearing color
        glClear(GL_COLOR_BUFFER_BIT | GL_DEPTH_BUFFER_BIT);

        RenderSetup();
        Light();
        Trans();
        drawcenter();
```

[Examples]\Chapter10\Mfcgl\MfcglView.cpp

(6) 실행하기

Light를 실행시켰을 때와 실행시키지 않았을 때 무엇이 다른가? 그림 10.10과 그림 10.11은 주변광의 세기 값을 변화시키면서 도형의 형상을 비교하였다.

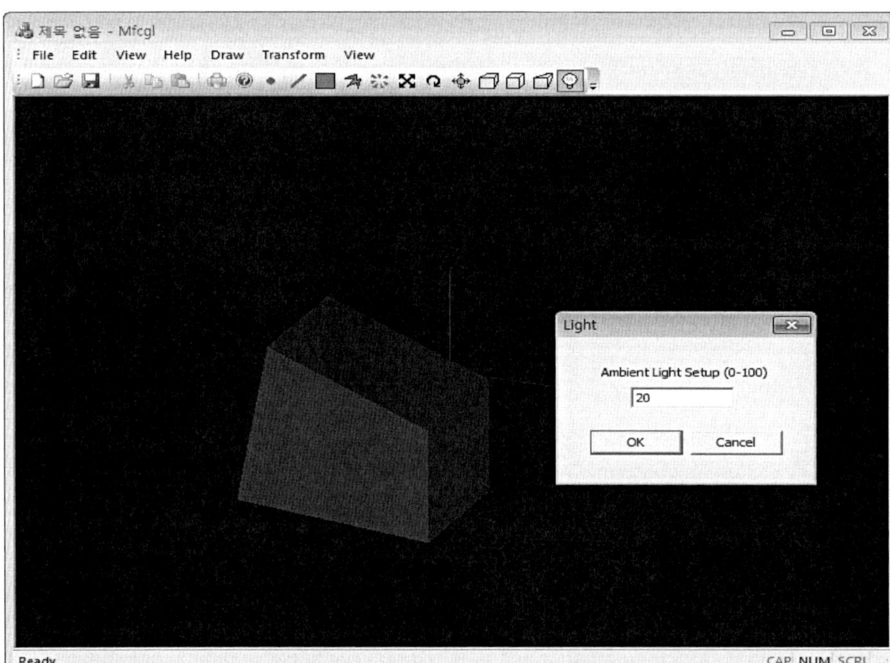

그림 10.10 주변광의 세기 값을 20으로 하였을 때의 결과

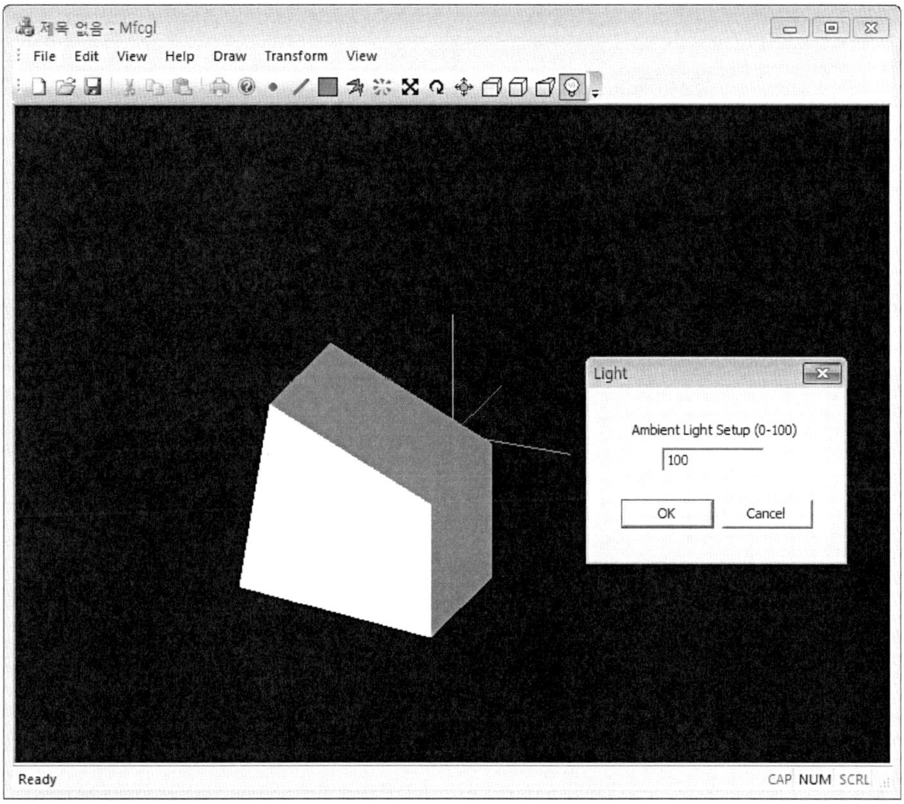

그림 10.11 주변광의 세기 값을 100으로 하였을 때의 결과

정리하기

- OpenGL에서의 조명 효과는 주변광(Ambient light), 난반사광(Diffuse light), 전반사광(Specular light), 재질(Materials)로 이루어진다.

- 재질 조명은 광원의 주변광, 난반사광, 전반사광과 재질 속성에 의한 주변광, 난반사광, 전반사광의 반사율을 곱하여 나타낸 RGB 값으로 지정한다.

- 광원설정을 구현한 함수를 지정한 버튼과 메뉴에 반영하는 과정과 광원의 세기를 입력하는 다이얼로그를 생성하고 활용하는 과정을 잘 숙지하도록 하자.

- 다음의 기능을 수행하는 OpenGL 함수는 무엇인가?
  1) 조명 효과 모델을 정의하는 함수. (　　　　　　　)
  2) 재질 색상 속성을 정의하는 함수. (　　　　　　　)
  3) 화면 상의 좌표축을 직교좌표계로 설정하는 함수.(　　　　　　　)

Chapter 11

난반사광과 전반사광의 이해

학습목표

실세계를 모델링하기 위해서는 주변광뿐만 아니라 다양한 형태의 광원특성이 조합되어야 보다 현실적인 조명환경을 재현할 수 있다. 광원은 빛의 세기나 색상과 더불어 위치와 방향에 대한 특성을 가진다. OpenGL에서는 임의의 위치 혹은 관측 공간 밖에 놓인 독립적인 광원을 최대 8개까지 사용할 수 있다. 광원을 무한대의 거리에 위치하도록 설정하여 빛이 평행하게 비추도록 하거나, 광원을 가까이 두어 발산하는 형태로도 설정할 수 있다. 이 장에서는 난반사광과 전반사광을 이해하고, OpenGL을 이용한 3차원 객체에 광원효과를 적용해 보자.

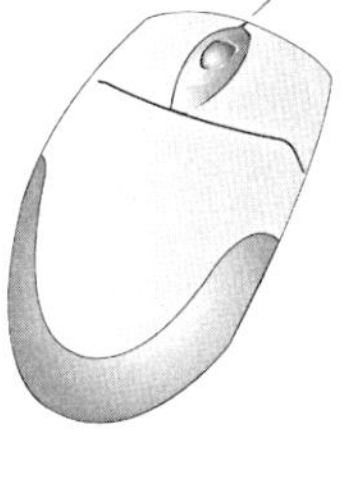

11.1 광원과 법선 벡터

(1) 법선 벡터

광원을 지정할 때에는 광원이 어디에 있고, 어디를 목표로 비추고 있는지를 설정할 필요가 있다. 또한, 물체의 면이 향하는 방향이나 반사정도를 통해 현재 시점에 투영되는 빛의 세기를 계산할 수 있다. 이를 계산하기 위한 기본적인 정보로서 그림 11.1의 설명처럼 물체 반사면의 법선 벡터를 이용한다.

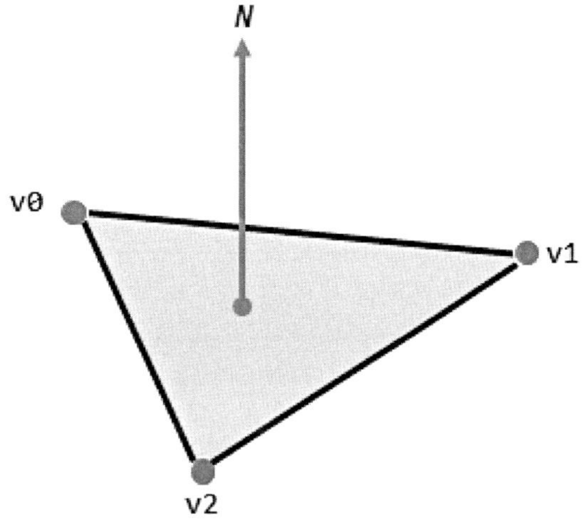

그림 11.1 세 정점(v0, v1, v2)로 이루어진 평면의 법선 벡터(N)

(2) 단위 법선 벡터

법선 벡터의 길이를 구하기 위해서는 각 성분을 제곱한 뒤, 이들을 합하고 제곱근을 구하면 된다. 각 성분을 이 길이로 나누면 방향은 같으나 길이만 1인 벡터를 구할 수 있다. 이러한 과정을 정규화(normalization)라고 한다. 따라서 조명 효과 연산 시 모든 법선 벡터는 정규화를 거쳐야 한다.

11.2 광원 적용하기

(1) 변수 선언과 함수 추가하기

CMfcglView 클래스에 다음의 멤버 변수를 선언한다.

```
GLfloat m_dLight;   // Diffuse Light 값을 설정한 변수
GLfloat m_sLight;   // Specular 값을 설정하는 변수
GLfloat m_xLp;      // 광원의 X좌표 값
GLfloat m_yLp;      // 광원의 Y좌표 값
GLfloat m_zLp;      // 광원의 Z좌표 값
```

[Examples]\Chapter11\Mfcgl\MfcglView.h

그리고 멤버 함수로 다음의 함수들을 추가하자.

```
// 폴리곤을 구성하는 임의의 세 정점으로부터 법선 벡터를 구하는 함수
void ReduceToUnit(float vector[3]);

// 법선 벡터를 단위 법선 벡터로 바꾸는 함수
void calcNormal(float v[3][3],float out[3]);
```

[Examples]\Chapter11\Mfcgl\MfcglView.h

이번에는 CLightDlg 클래스에 다음의 멤버 변수를 추가한다.

```
GLfloat s_Light;
GLfloat d_Light;

GLfloat x_Lp;    // 광원의 X좌표 값을 입력하기 위한 변수
GLfloat y_Lp;    // 광원의 Y좌표 값을 입력하기 위한 변수
GLfloat z_Lp;    // 광원의 Z좌표 값을 입력하기 위한 변수
```

[Examples]\Chapter11\Mfcgl\LightDlg.h

CLightDlg 클래스의 생성자에서 다음과 같이 각 변수를 초기화한다.

```
d_Light = 80.0f;
s_Light = 100.0f;

x_Lp = 50.0f;
y_Lp = 50.0f;
z_Lp = 100.0f;
```

[Examples]\Chapter11\Mfcgl\LightDlg.cpp

(2) 다이얼로그 박스 만들기

Resource View에서 **IDD_LIGHTDLG**를 더블 클릭한 후 그림 11.2와 같이 편집하기 위해서 Static Text를 다음과 같이 추가하고 각각에 해당하는 Edit Box를 아래와 같은 설정으로 추가하도록 하자.

Static Text :	Diffuse Light Setup(0–100)	Specular Light Setup(0–100)
Edit Box의 ID :	IDC_EDIT_Dlight	IDC_EDIT_Slight

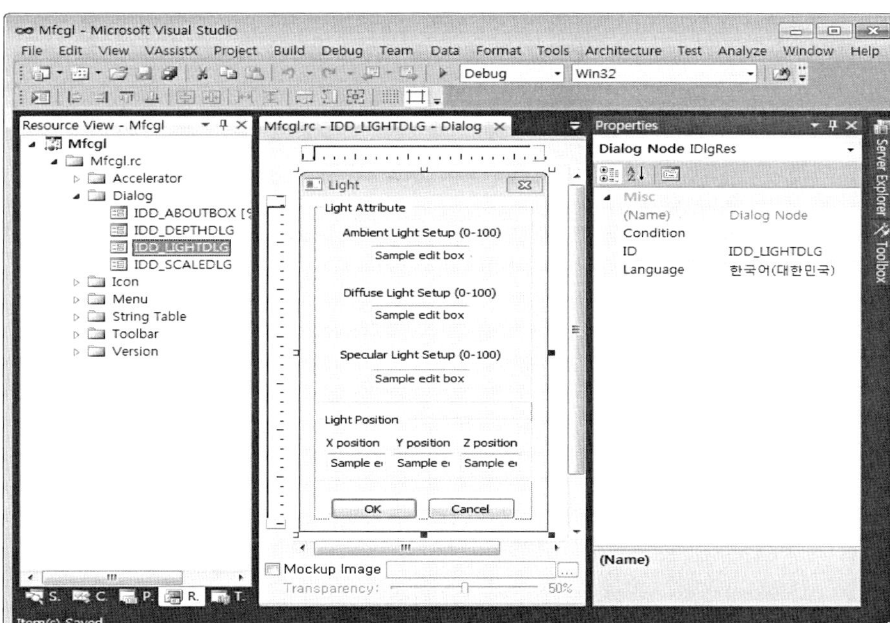

그림 11.2 광원 값 입력을 위한 다이얼로그 추가 편집하기

그리고 광원의 위치 설정을 위해서 세 개의 Edit Box를 만들고 각각의 ID를 다음과 같이 설정한다.

X 좌표 : IDC_EDIT_LpX, Y 좌표 : IDC_EDIT_LpY, Z 좌표 : IDC_EDIT_LpZ

(3) 소스 작성하기

CLightDlg 클래스의 DoDataExchange() 함수에 다음과 같이 코드를 작성한다.

```
void CLightDlg::DoDataExchange(CDataExchange* pDX)
{
        CDialog::DoDataExchange(pDX);
        DDX_Text(pDX, IDC_EDIT_ALight, a_Light);
        DDX_Text(pDX, IDC_EDIT_DLight, d_Light);
        DDX_Text(pDX, IDC_EDIT_SLight, s_Light);

        DDX_Text(pDX, IDC_EDIT_LpX, x_Lp);
        DDX_Text(pDX, IDC_EDIT_LpY, y_Lp);
        DDX_Text(pDX, IDC_EDIT_LpZ, z_Lp);
}
```

[Examples]\Chapter11\Mfcgl\LightDlg.cpp

CMfcglView 클래스의 OnViewLight() 함수에 다음의 코드를 추가한다.

```
void CMfcglView::OnViewLight()
{
        // TODO: Add your command handler code here
        CLightDlg dlg;
        if(dlg.DoModal()==IDOK)
        {
                if(dlg.a_Light >=0)
                        m_aLight=dlg.a_Light/100.0f;
                if(dlg.d_Light >=0)
                        m_dLight=dlg.d_Light/100.0f;
                if(dlg.s_Light >=0)
```

```
                        m_sLight=dlg.s_Light/100.0f;

                m_xLp=dlg.x_Lp;
                m_yLp=dlg.y_Lp;
                m_zLp=dlg.z_Lp;

                b_light=true;
        }
        Invalidate();
}
```

[Examples]\Chapter11\Mfcgl\MfcglView.cpp

ReduceToUnit() 함수로 이동하여 다음의 코드를 작성한다. 이는 법선 벡터를 단위 법선 벡터로 바꾸는 함수이다.

```
void CMfcglView::ReduceToUnit(float vector[3])
{
        float length;

        // 벡터의 길이를 계산한다.
        length =(float)sqrt(   (vector[0]*vector[0])+
                               (vector[1]*vector[1])+
                               (vector[2]*vector[2])   );

        // 길이가 0에 가까운 벡터에게 적절한 값을 할당하여
           프로그램이 폭주하지 않도록 한다.
        if(length == 0.0f) length = 1.0f;

        // 각 성분을 벡터의 길이로 나누면 단위 벡터가 된다.
        vector[0] /= length;
        vector[1] /= length;
        vector[2] /= length;
}
```

[Examples]\Chapter11\Mfcgl\MfcglView.cpp

CMfcglView 클래스의 헤더 파일인 MfcglView.h 파일의 상단에 math.h를 전처리기로 추가한다. 앞에서 sqrt 수식을 사용했기 때문이다.

```
#include <math.h>
```

[Examples]\Chapter11\Mfcgl\MfcglView.h

다각형을 구성하는 임의의 세 정점으로부터 법선 벡터를 구하는 함수인 calcNormal() 함수를 다음과 같이 작성한다. 이는 임의의 두 벡터의 외적을 구하여 이 평면에 수직인 벡터를 얻는 절차이다.

```
void CMfcglView::calcNormal(float v[3][3],float out[3])
{
        float v1[3], v2[3];
        staticconstint x =0;
        staticconstint y =1;
        staticconstint z =2;

        // 세 점으로부터 2개의 벡터를 구한다.
        v1[x]= v[1][x]- v[0][x];
        v1[y]= v[1][y]- v[0][y];
        v1[z]= v[1][z]- v[0][z];

        v2[x]= v[2][x]- v[0][x];
        v2[y]= v[2][y]- v[0][y];
        v2[z]= v[2][z]- v[0][z];

        // 법선 벡터를 구하기 위해 두 벡터의 외적을 구한다.
        // 결과는 out[]에 저장된다.
        out[x]= v1[y]*v2[z]- v1[z]*v2[y];
        out[y]= v1[z]*v2[x]- v1[x]*v2[z];
        out[z]= v1[x]*v2[y]- v1[y]*v2[x];

        // 벡터를 정규화한다(길이를 1로 줄인다)
        ReduceToUnit(out);
}
```

[Examples]\Chapter11\Mfcgl\MfcglView.cpp

`Light()` 함수를 다음과 같이 변경한다.

```
void CMfcglView::Light(void)
{
    // 주변광 성분
    GLfloat ambientLight[]={m_aLight,m_aLight,m_aLight,1.0f};
    // 난반사광 성분
    GLfloat diffuseLight[]={m_dLight,m_dLight,m_dLight,1.0f};
    // 전반사광 성분
    GLfloat specular[]={m_sLight,m sLight,m_sLight,1.0f};
    // 전반사율
    GLfloat specref[]={1.0f,1.0f,1.0f,1.0f};

    if(b_light)
    {
      glEnable(GL_LIGHTING);

      glLightfv(GL_LIGHT0, GL_AMBIENT, ambientLight); // 주변광
      glLightfv(GL_LIGHT0, GL_DIFFUSE, diffuseLight); // 난반사광
      glLightfv(GL_LIGHT0, GL_SPECULAR,specular);     // 전반사광

      glEnable(GL_LIGHT0); // GL_LIGHT0 광원을 사용가능하게 한다.

      glEnable(GL_COLOR_MATERIAL);
      glColorMaterial(GL_FRONT, GL_AMBIENT_AND_DIFFUSE);
      glMaterialfv(GL_FRONT, GL_SPECULAR, specref);  // 전면 전반사
      glMateriali(GL_FRONT, GL_SHININESS,125);     // 전면 전반사 수치
    }
    else
       glDisable(GL_LIGHTING);
}
```

[Examples]\Chapter11\Mfcgl\MfcglView.cpp

- `GLfloat ambientLight[], GLfloat diffuseLight[], GLfloat specular[]`

  백색광을 설정하기 위해 RGB 값에 동일한 변수를 썼다. 만약 백색광이 아닌 특

정한 빛을 쏘기 위해서는 RGB 값의 변수를 다르게 주어 각 성분을 조절한다.

- `glLightfv()`
  광원인자를 정의한다. 현재 위에서 GL_LIGHT0에 대한 광원을 GL_AMBIENT, GL_DIFFUSE, GL_SPECULAR의 세 성분에 대하여 각각의 값으로 정의하였다.

- `glMaterialfv(GL_FRONT, GL_SPECULAR, specref)`
  전반사의 하이라이트를 설정하였다.

- `glMateriali(GL_FRONT, GL_SHININESS,INT[1~128])`
  전반사 하이라이트의 초점의 크기를 지정한 것으로 INT는 1~128까지의 범위를 가지며, 이 값이 커질수록 표면의 광택이 더욱 명확해진다. INT의 변수 값이 0일 경우 전반사 하이라이트가 초점을 갖지 않는 것을 나타낸다.

GLRenderScene() 함수의 도형을 그리는 부분에 약간의 수정이 필요하다. 도형을 그리는 부분 4곳의 주석 처리 부분(//calcNormal(v,normal);)을 모두 풀어 준다.

```
if(m_NumOfPoly>0)
{

    for(i=0;i<m_NumOfPoly-1;i++)
    {
        unsignedint b=2;
        float v[3][3]={{m_LcPoint[i][0],m_LcPoint[i][1],0},
                      {m_LcPoint[i+1][0],m_LcPoint[i+1][1],0},
            {m_LcPoint[i+1][0],m_LcPoint[i+1][1],m_depth}};

        calcNormal(v,normal);   // 주석해제
        glNormal3fv(normal);
        glVertex3f(m_LcPoint[i][0],m_LcPoint[i][1],0);
        glVertex3f(m_LcPoint[i+1][0],m_LcPoint[i+1][1],0);
        glVertex3f(m_LcPoint[i+1][0],m_LcPoint[i+1][1],m_depth);
        glVertex3f(m_LcPoint[i][0],m_LcPoint[i][1],m_depth);

        if(i!=m_NumOfPoly-1 && i!=m_NumOfPoly-2)
        {
        float v[3][3]={{m_LcPoint[i][0],m_LcPoint[i][1],0},
                      {m_LcPoint[i+2][0],m_LcPoint[i+2][1],0},
```

```
                {m_LcPoint[i+2][0],m_LcPoint[i+2][1],m_depth}};

        calcNormal(v,normal);
        glNormal3fv(normal);
        glVertex3f(m_LcPoint[i][0],m_LcPoint[i][1],0);
        glVertex3f(m_LcPoint[i+2][0],m_LcPoint[i+2][1],0);
        glVertex3f(m_LcPoint[i+2][0],m_LcPoint[i+2][1],m_depth);
        glVertex3f(m_LcPoint[i][0],m_LcPoint[i][1],m_depth);
        }

        for(i=0;i<m_NumOfPoly-1;i++)
        {
        float v[3][3]={{m_LcPoint[i][0],m_LcPoint[i][1],0},
                    {m_LcPoint[i+1][0],m_LcPoint[i+1][1],0},
            {m_LcPoint[i+1][0],m_LcPoint[i+1][1],m_depth}};

        calcNormal(v,normal);
        glNormal3fv(normal);
        glVertex3f(m_LcPoint[i][0],m_LcPoint[i][1],0);
        glVertex3f(m_LcPoint[i+1][0],m_LcPoint[i+1][1],0);
        glVertex3f(m_LcPoint[i+1][0],m_LcPoint[i+1][1],m_depth);
        glVertex3f(m_LcPoint[i][0],m_LcPoint[i][1],m_depth);
        }

       float v[3][3]={{m_LcPoint[0][0],m_LcPoint[0][1],m_depth},
                     {m_LcPoint[i][0],m_LcPoint[i][1],m_depth},
                     {m_LcPoint[i][0],m_LcPoint[i][1],0}};

        calcNormal(v, normal);

    }
```

[Examples]\Chapter11\Mfcgl\MfcglView.cpp

광원의 위치를 설정하기 위해서 RenderSetup() 함수에 다음 코드를 추가하자.

```
GLfloat lightPos[]=  {m_xLp, m_yLp, m_zLp, 1.0f};
glLightfv(GL_LIGHT0, GL_POSITION, lightPos);
```

[Examples]\Chapter11\Mfcgl\MfcglView.cpp

(4) 실행하기

주변광 값을 다양하게 적용하고 좌표값도 변화시켜 보자. 그림 11.3과 11.4는 서로 다른 광원값과 좌표값을 이용한 실행결과를 보여준 것이다.

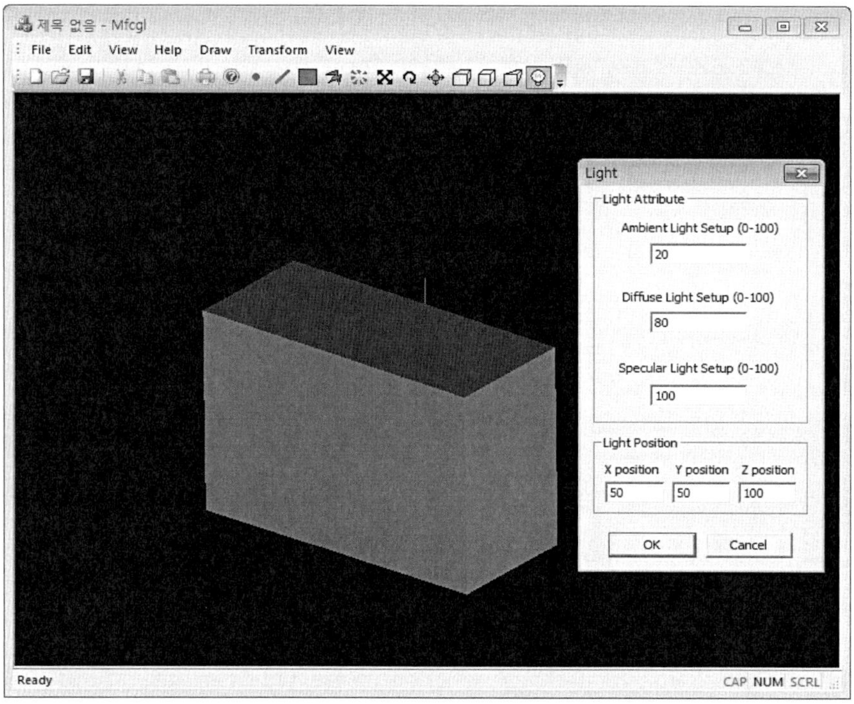

그림 11.3 광원 적용 결과(Ambient:20, Diffuse:80, Specular:100, Position: 50, 50, 100)

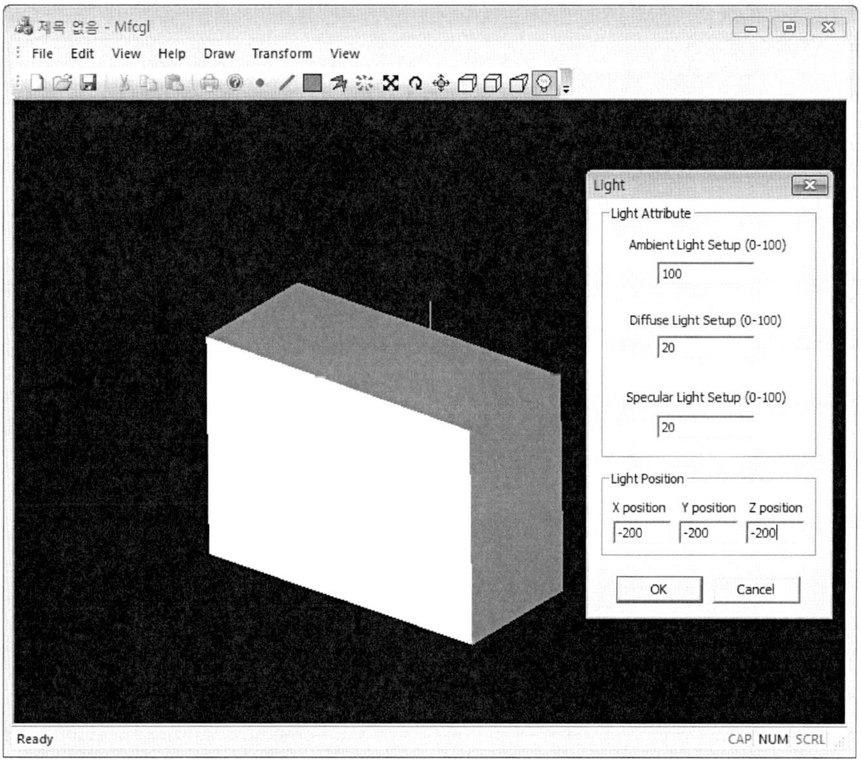

그림 11.4 광원 적용 결과(Ambient:100, Diffuse:20, Specular:20, Position: −200, −200, −200)

정리하기

- OpenGL에서는 독립적인 광원을 최대 8개까지 사용할 수 있다.
  광원은 렌더링 될 객체면의 ○○○○에 의해 반사각과 세기를 계산할 수 있다.
- 다각형을 구성하는 임의의 세 정점으로부터 법선 벡터를 구하기 위해서는 세 정점으로 이루어진 두 벡터의 ○○을 구하여 평면에 수직인 벡터를 얻을 수 있다.
- 광원 인자를 정의하는 OpenGL 함수는 무엇인가? (   )

Chapter 12

2차 곡면 그리기

학습목표

이 장에서는 OpenGL의 2차 곡면 그리기를 이해하고 3차원 구(sphere) 형상의 곡면 그리는 방법을 알아본다. OpenGL에서는 다양한 기본 객체 그리기 기능이 지원된다. 본 장에서는 OpenGL을 이용한 기본 객체 그리기를 통해 간단한 구형 객체를 3차원에 그려봄으로써, 2차 곡면 그리는 과정에 대해 이해하고 3차원 곡면 그리기를 위한 기본 프로그램을 작성해 보자.

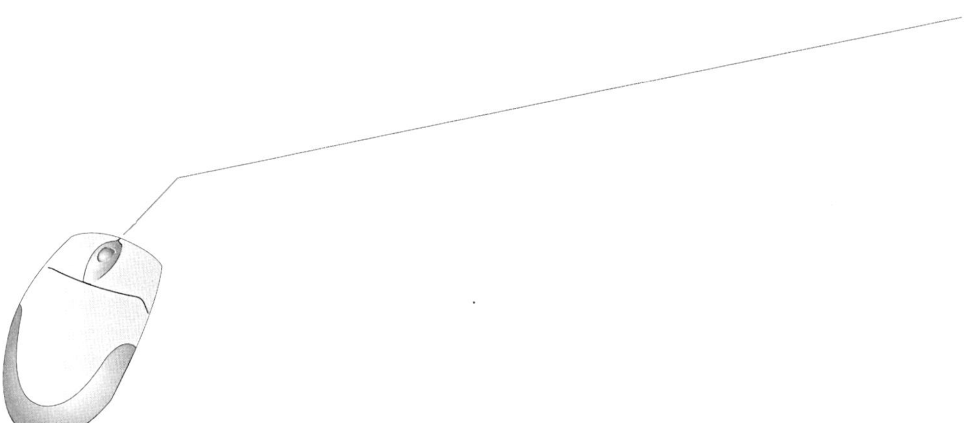

12.1 2차 곡면 구현하기

(1) 다이얼로그 박스 만들기

2차 곡면을 그리기 위한 다이얼로그를 생성하기 위해 Resource View에서 Dialog를 선택하고 마우스 오른쪽 버튼을 클릭하여 Insert Dialog를 선택한다. 속성 창에서 ID와 캡션을 다음과 같이 설정하자.

```
ID: IDD_SPHEREDLG
Caption: Sphere
```

새로 만들어진 다이얼로그 박스에 Static text와 Edit box를 만들고 캡션과 ID를 다음과 같이 설정한다. 그림 12.1을 참조하자.

설정 상자

Static Text	Edit Control ID
RADIUS	IDC_EDIT_HRADIUS
SLICES	IDC_EDIT_HSLICES
STACKS	IDC_EDIT_HSTACKS

중심 좌표 상자

Static Text	Edit Control ID
X좌표	IDC_EDIT_XTRANS
Y좌표	IDC_EDIT_YTRANS
Z좌표	IDC_EDIT_ZTRANS

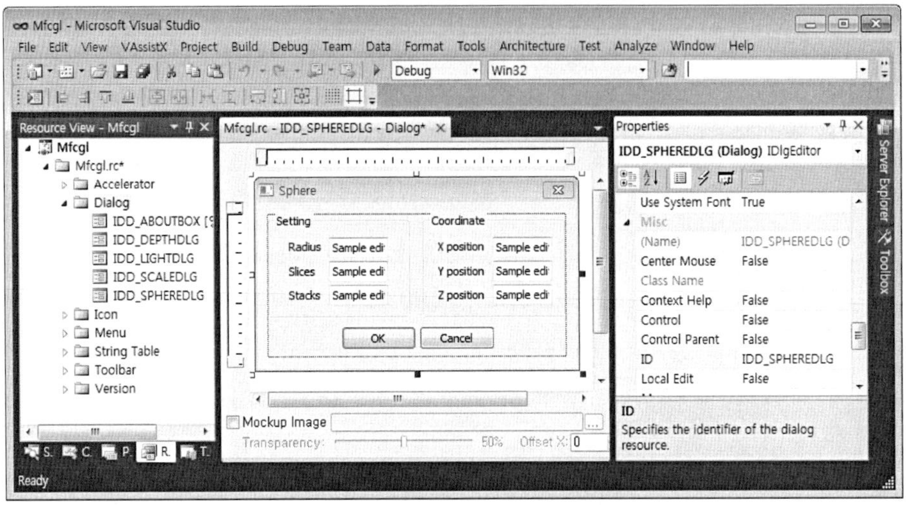

그림 12.1 2차 곡면을 그리기 위한 다이얼로그 생성하기

(2) 새로운 클래스 만들기

2차 곡면을 생성하기 위한 클래스를 생성하자. 클래스 이름은 CSphereDlg로 설정하고, Class View에서 새로 생성된 CSphereDlg 클래스가 보이는지 확인하자.

이제 CSphereDlg 클래스에 다음의 멤버 변수를 선언한다.

```
    GLdouble h_radius;
    GLint    h_slices;
    GLint    h_stacks;
    GLfloat  x_trans;
    GLfloat  y_trans;
    GLfloat  z_trans;
```

[Examples]\Chapter12\Mfcgl\SphereDlg.h

CSphereDlg 클래스의 생성자 CSphereDlg()에서 멤버 변수들을 다음과 같이 초기화한다.

```
CSphereDlg::CSphereDlg(CWnd* pParent /*=NULL*/)
        :CDialog(CSphereDlg::IDD, pParent)
        ,h_radius(0)
{
        h_radius =20;
        h_slices =32;
        h_stacks =32;
        x_trans =0.0f;
        y_trans =0.0f;
        z_trans =0.0f;
}
```

[Examples]\Chapter12\Mfcgl\SphereDlg.cpp

CSphereDlg 클래스의 DoDataExchange() 함수를 다음과 같이 작성한다.

```
void CSphereDlg::DoDataExchange(CDataExchange* pDX)
{
        CDialog::DoDataExchange(pDX);
        DDX_Text(pDX, IDC_EDIT_HRADIUS, h_radius);
        DDX_Text(pDX, IDC_EDIT_HSLICES, h_slices);
        DDX_Text(pDX, IDC_EDIT_HSTACKS, h_stacks);
        DDX_Text(pDX, IDC_EDIT_XTRANS,  x_trans);
        DDX_Text(pDX, IDC_EDIT_YTRANS,  y_trans);
        DDX_Text(pDX, IDC_EDIT_ZTRANS,  z_trans);
}
```

[Examples]\Chapter12\Mfcgl\SphereDlg.cpp

MfcglView.cpp 상단에 #include "SphereDlg.h"를 추가한다.

```
#include "SphereDlg.h"
```

[Examples]\Chapter12\Mfcgl\MfcglView.cpp

(3) 메뉴 만들기

그림 12.2를 참고하여 메뉴 바에서 Sphere 메뉴를 만들고 그 하위 메뉴로 Setup 메뉴를 다음과 같이 설정하여 생성한다.

```
ID: ID_SPHERE_SETUP
Caption: Setup
```

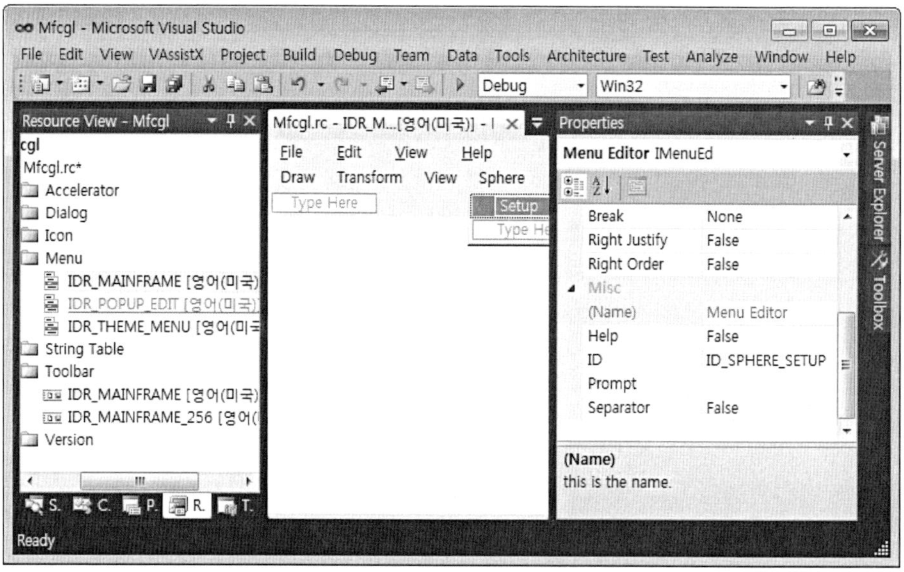

그림 12.2 2차 곡면 생성을 위한 메뉴 추가

툴바에서 구의 설정 및 구 그리기를 실행하는 버튼을 그림 12.3과 같이 만든다. 이때 새로 만들어지는 버튼의 ID는 반드시 ID_SPHERE_SETUP으로 설정한다.

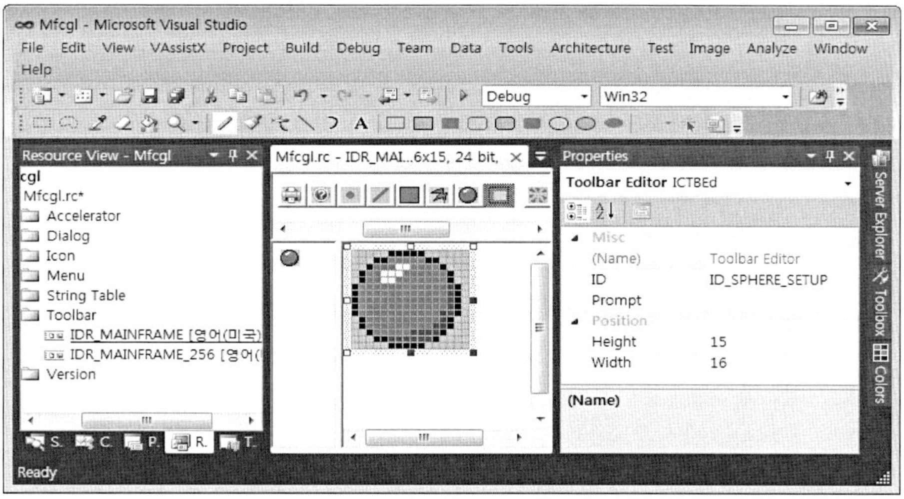

그림 12.3 2차 곡면 생성을 위한 버튼 추가

(4) 소스 작성하기

Class Wizard에서 그림 12.4와 같이 `OnSphereSetup()` 함수를 추가하고, Edit code 버튼을 클릭한다. 이때, Class name이 `CMfcglView`인지를 반드시 확인하자.

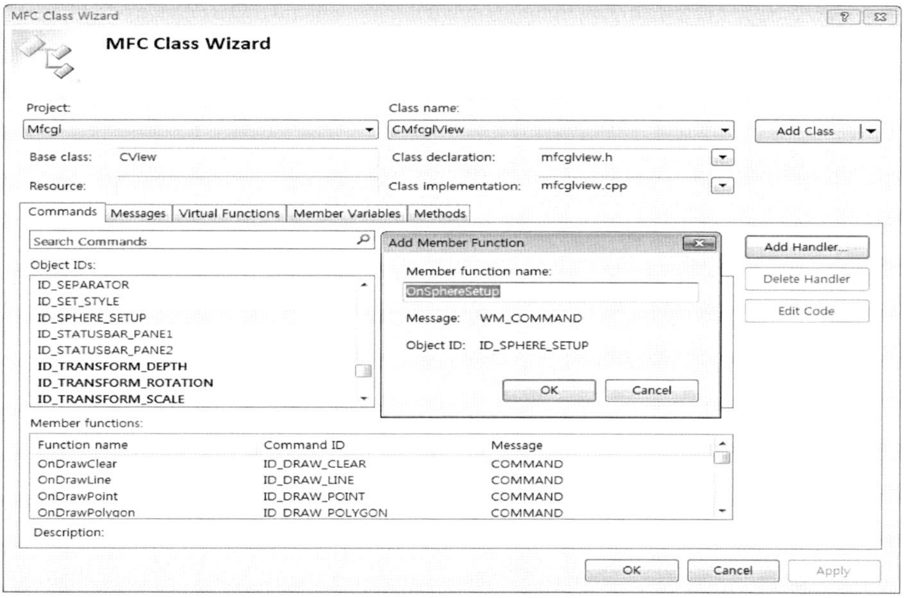

그림 12.4 MFC Class Wizard에서 `OnSphereSetup()` 함수 추가하기

OnSphereSetup() 함수에 다음의 코드를 작성한다.

```
void CMfcglView::OnSphereSetup()
{
        // TODO: Add your command handler code here
        CSphereDlg dlg;
        if(dlg.DoModal()==IDOK)
        {
                if(dlg.h_radius >=0) m_radius = dlg.h_radius;
                else                 m_radius =-dlg.h_radius;

                if(dlg.h_slices >=0) m_slices = dlg.h_slices;
                else                 m_slices =-dlg.h_slices;

                if(dlg.h_stacks >=0) m_stacks = dlg.h_stacks;
                else                 m_stacks =-dlg.h_stacks;

                if(dlg.x_trans >=0)  m_xtrans = dlg.x_trans;
                else                 m_xtrans =-dlg.x_trans;

                if(dlg.y_trans >=0)  m_ytrans = dlg.y_trans;
                else                 m_ytrans =-dlg.y_trans;

                if(dlg.z_trans >=0)  m_ztrans =-dlg.z_trans;
                else                 m_ztrans = dlg.z_trans;

                b_sphere=true;
        }
        Invalidate();
}
```

[Examples]\Chapter12\Mfcgl\MfcglView.cpp

CMfcglView 클래스에 다음의 멤버 변수들을 선언한다.

```
bool b_sphere;
GLUquadricObj *m_objQuad;
GLdouble      m_radius;
GLint         m_slices;
GLint         m_stacks;
GLfloat       m_xtrans;
GLfloat       m_ytrans;
GLfloat       m_ztrans;
```

[Examples]\Chapter12\Mfcgl\MfcglView.h

OpenGL에서 3차원 구(sphere)를 그리기 위해서는 구의 슬라이스(slice)와 스택(stack)에 대한 설정이 필요하다. 슬라이스와 스택의 개념은 그림 12.5와 같이 나타낼 수 있다.

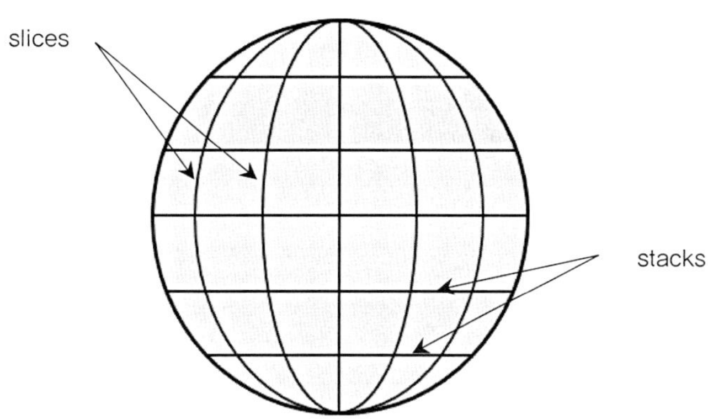

그림 12.5 구에서 슬라이스(slice)와 스택(stack)의 개념

`CMfcglView()`와 `OnDrawClear()` 함수로 이동하여 b_sphere 변수를 `false`로 초기화하자.

```
b_sphere=false;
```

[Examples]\Chapter12\Mfcgl\MfcglView.cpp

CMfcglView 클래스에 Sphere() 함수를 등록하고 다음의 코드를 작성하자.

```
void CMfcglView::Sphere(void)
{
        if(b_sphere)
        {
                // 컬링을 수행하도록 설정한다.
                glEnable(GL_CULL_FACE);
                // 깊이 테스트를 수행하도록 설정한다.
                glEnable(GL_DEPTH_TEST);

                // 셰이딩 모델은 평면 셰이딩으로 설정한다.
                glShadeModel(GL_FLAT);
                // 반시계 방향으로 정의되는 면을 앞면으로 한다.
                glFrontFace(GL_CCW);

                // 2차곡면 객체를 생성한다.
                m_objQuad =gluNewQuadric();
                // 2차곡면 객체의 셰이딩 모드를 평면 셰이딩으로 한다.
                gluQuadricNormals(m_objQuad, GLU_FLAT);

                // buffer 초기화
              glClear(GL_COLOR_BUFFER_BIT | GL_DEPTH_BUFFER_BIT);
                glPushMatrix();
                // 구(Sphere)를 그린다.
                glColor4f(0.0f,0.0f,1.0f,1.0f);
                glTranslatef(m_xtrans, m_ytrans, m_ztrans);
              gluSphere(m_objQuad, m_radius, m_slices, m_stacks);
                glPopMatrix();
        }
}
```

[Examples]\Chapter12\Mfcgl\MfcglView.cpp

OpenGL에서 3D 다각형을 그리기 위한 함수는 OpenGL 유틸리티 라이브러리인 glu32.lib에서 지원한다. 이 라이브러리를 사용하면 복잡한 다면체나 원뿔, 원기둥, 원판, 구 등의 2차 곡면을 구현할 수 있다. 구를 그리는 함수는 gluSphere() 함수이다.

```
void gluSphere(GLUquadric* quad, GLdouble radius,
               GLint slices, GLint stacks);
```

radius는 반지름의 크기를 나타낸다. 또한, slices는 슬라이스의 개수를, stacks는 스택의 개수를 의미한다.

~CMfcglView()에서 생성된 2차 곡면 객체를 삭제하도록 다음과 같이 작성한다.

```
CMfcglView::~CMfcglView()
{
        // 이차 곡면 객체를 삭제한다.
        gluDeleteQuadric(m_objQuad);
}
```

[Examples]\Chapter12\Mfcgl\MfcglView.cpp

GLRenderScene()에 Sphere() 함수의 호출을 추가하고 실행 과정을 그림 12.6에서 확인해 본다.

```
        Sphere();
```

[Examples]\Chapter12\Mfcgl\MfcglView.cpp

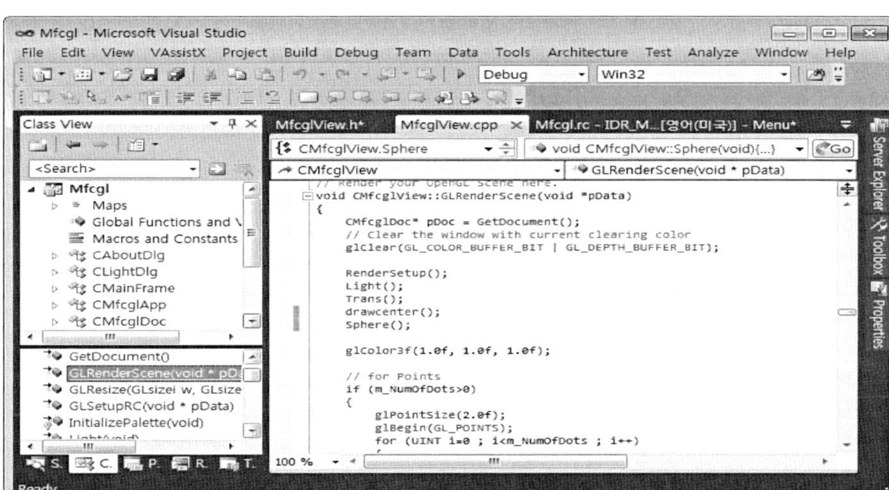

그림 12.6 GLRenderScene() 화면 구성

(5) 실행하기

지금까지 소스 코드를 실행하여 평면에 원을 생성한 후 Shpere 다이얼로그 박스에 입력 값을 주어서 구로 변형하여 그려 보자. 그림 12.7은 실행 예를 보여준 것이다. 또한, 광원을 추가하여 그림 12.8과 같이 입체적인 느낌을 보여줄 수 있다. 그림 12.9와 그림 12.10은 슬라이스와 스택의 개수를 증가시켜 보여준 구의 형상이다. 슬라이스와 스택의 개수를 증가시킴으로써 스무딩(smoothing) 효과를 나타낼 수 있다.

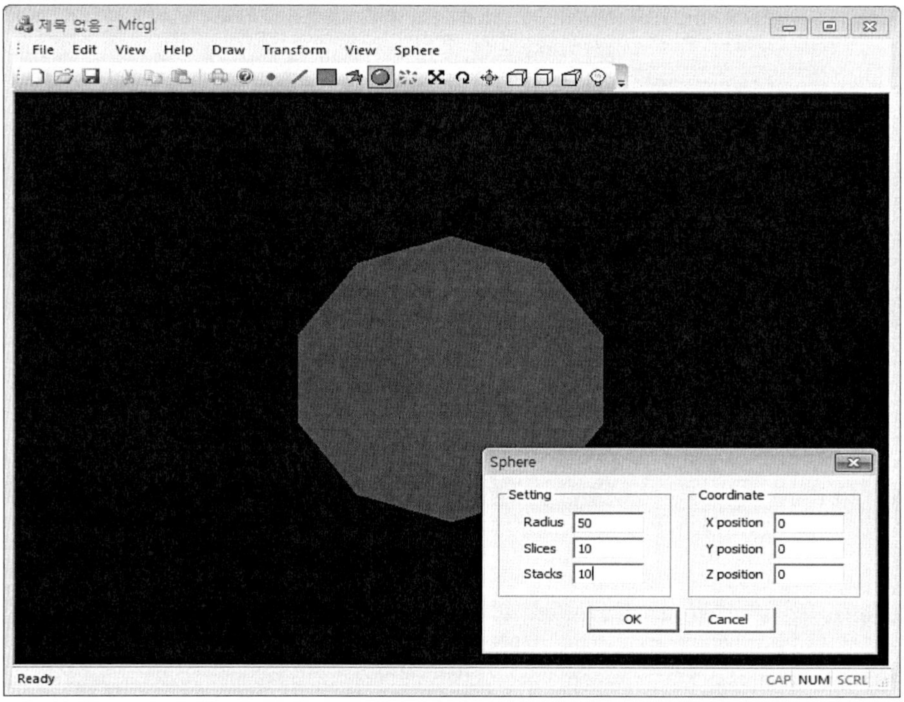

그림 12.7 (0,0,0) 좌표에 Radius:50, Slices:10, Stacks:10의 속성을 가진 구의 렌더링 결과

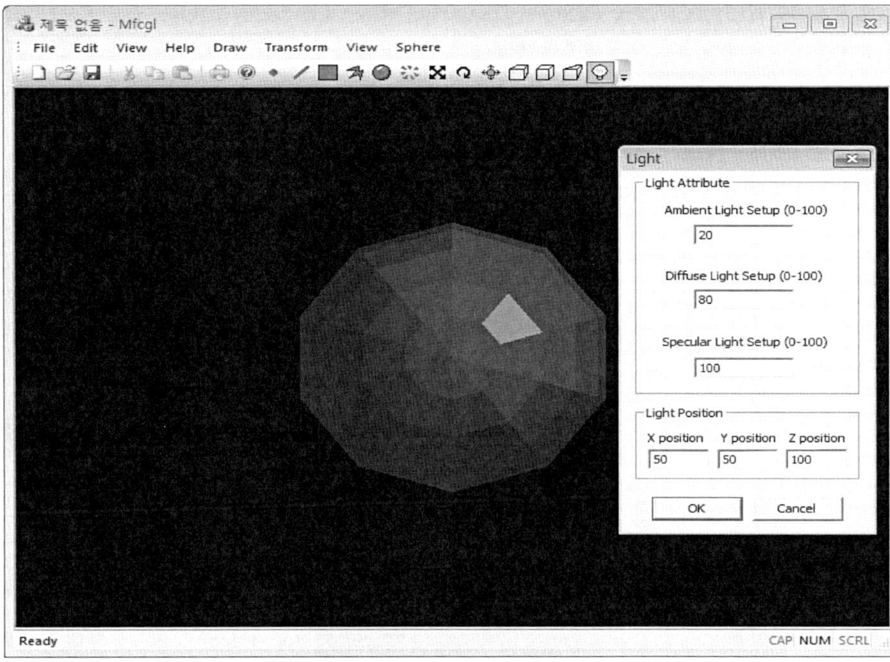

그림 12.8 생성된 구에 광원 효과를 부여한 결과

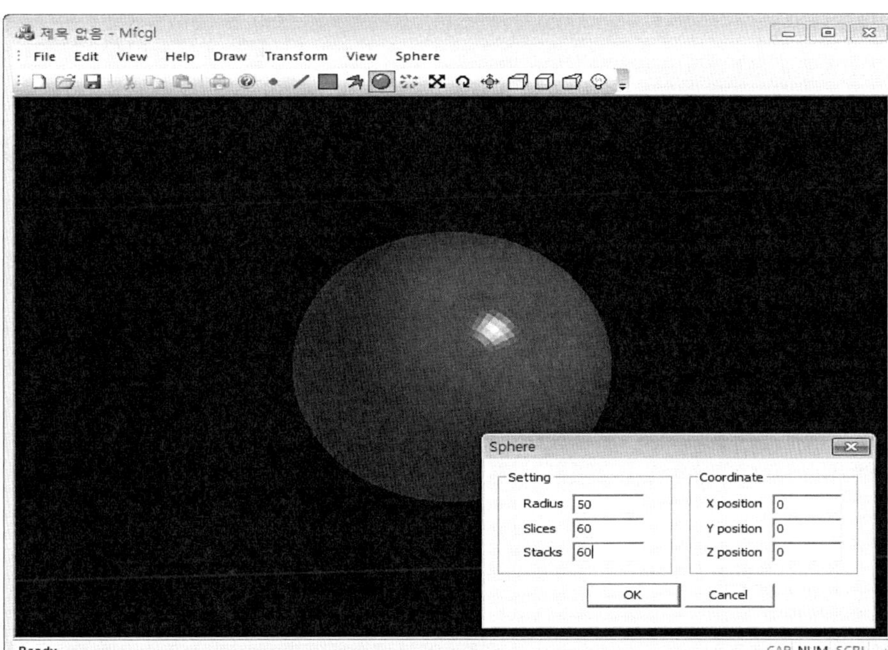

그림 12.9 구의 속성을 Radius:50, Slices:60, Stacks:60으로 변경하여 반영한 결과

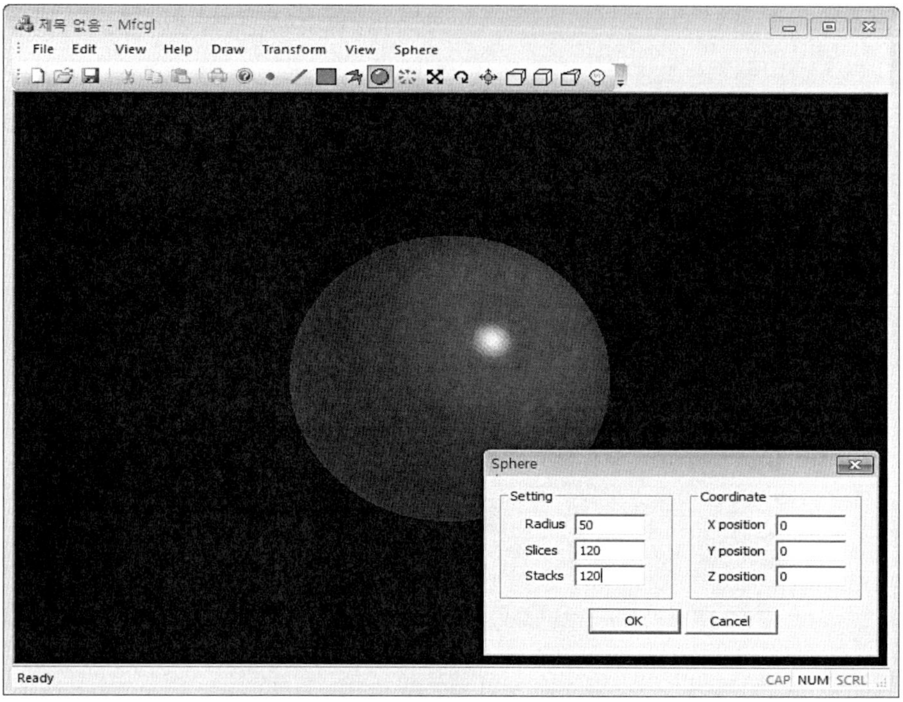

그림 12.10 구의 속성을 Radius:50, Slices:120, Stacks:120으로 변경하여 반영한 결과

정리하기

- OpenGL에서 구(sphere)를 그리기 위해 필요한 세 가지 인자는 (　　　), (　　　), (　　　)이다.
- 하나의 다이얼로그에 여러 개의 멤버 변수가 필요할 때, 본 장에서 다루는 예제를 통해 멤버 변수를 선언하는 과정과 선언된 멤버 변수를 OpenGL 함수로 어떻게 전달하는지 이해하도록 하자.

Chapter 13

OpenGL 애니메이션

학습목표

이 장에서는 구형 객체를 태양계의 행성처럼 움직이는 애니메이션 효과를 구현하는 방법을 설명한다. 앞에서 배운 OpenGL에서의 회전 변환 함수와 구형 객체를 생성하는 방법을 이용하여 지구가 태양 주위를 일정한 궤도를 따라 도는 것과 같은 간단한 애니메이션을 제작해 보자.

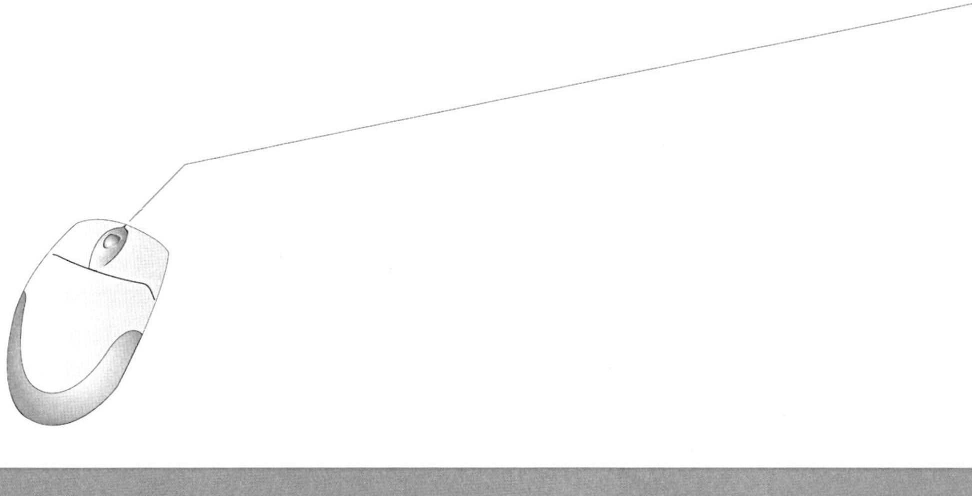

13.1 애니메이션 구현하기

(1) 메뉴 만들기

메뉴 바에서 Sphere 메뉴의 하위 메뉴로 다음의 속성을 가지는 메뉴를 추가한다.

```
ID: ID_SPHERE_ANIMATION
Caption: Animation
```

그림 13.1과 같이 툴바에도 ID_BUTTON_ANIMA의 ID를 가지는 애니메이션 설정 버튼을 만들자.

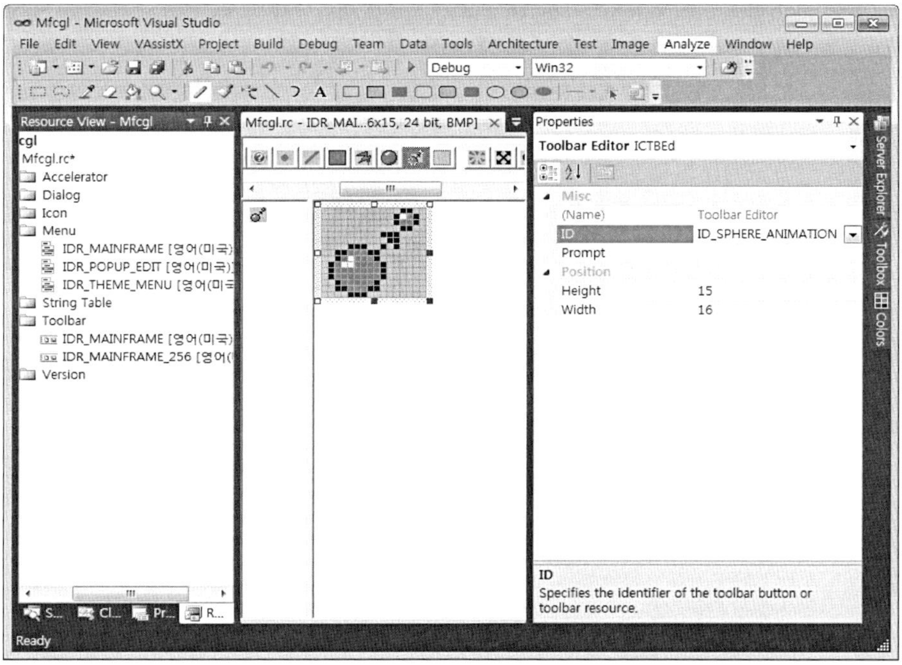

그림 13.1 애니메이션을 위한 툴바 버튼 만들기

(2) 변수 선언과 초기화하기

`CMfcglView` 클래스에 다음의 멤버 변수를 선언한다.

```
bool b_animation;     // 애니메이션 버튼 선택 여부
GLfloat m_fAngle;     // 회전 변환을 위한 변수
```

[Examples]\Chapter13\Mfcgl\MfcglView.h

이제 새로 선언된 변수의 초기화를 위해서 CMfcglView()에서 다음의 두 변수를 각각 초기화한다.

```
b_animation=false;
m_fAngle=0.0f;
```

[Examples]\Chapter13\Mfcgl\MfcglView.cpp

그리고 OnDrawClear() 함수로 이동하여 다음과 같이 코드를 추가한다.

```
b_animation=false;
```

[Examples]\Chapter13\Mfcgl\MfcglView.cpp

이제 Class Wizard에서 OnSphereAnimation()함수를 CMfcglView 클래스에 추가하고, Edit code 버튼을 선택하여 해당 함수로 이동한 후에 다음과 같이 작성한다.

```
void CMfcglView::OnSphereAnimation()
{
        // TODO: Add your command handler code here
        b_animation=true;
        Invalidate();
}
```

[Examples]\Chapter13\Mfcgl\MfcglView.cpp

(3) 소스 코드 작성하기

Sphere() 함수로 이동하여 다음 중 SetTimer(1,200, NULL);를 포함한 이후의 소스 코드를 추가 작성한다.

```
void CMfcglView::Sphere(void)
{
        if(b_sphere)
        {
                // 컬링을 수행하도록 설정한다.
                glEnable(GL_CULL_FACE);
                // 깊이 테스트를 수행하도록 설정한다.
                glEnable(GL_DEPTH_TEST);

                // 셰이딩 모델은 평면 셰이딩으로 설정한다.
                glShadeModel(GL_FLAT);
                // 반시계 방향으로 정의되는 면을 앞면으로 한다.
                glFrontFace(GL_CCW);

                // 2차곡면 객체를 생성한다.
                m_objQuad = gluNewQuadric();

                // 2차곡면 객체의 셰이딩 모드를 평면 셰이딩으로 한다.
                gluQuadricNormals(m_objQuad, GLU_FLAT);

                // buffer 초기화
                glClear(GL_COLOR_BUFFER_BIT | GL_DEPTH_BUFFER_BIT);
                glPushMatrix();

                // 식별 번호는 1이고 0.2초마다 알려주는 타이머를 설정한다.
                SetTimer(1,200, NULL);
                //버튼이 선택되면 구를 움직이게 한다.
                if(b_animation)
                {
                        glRotatef(m_fAngle,0.0f,1.0f,0.0f);
                        glPushMatrix();
                        glColor3ub(255,0,0);
                        // 원점을 기준으로 잡는다.
                        glTranslatef(0.0f,0.0f,0.0f);
                        // 태양을 그린다.
                        gluSphere(m_objQuad,10,32,32);
                        // 저장한 행렬을 복원한다.
                        glPopMatrix();
                }
                // 구(Sphere)를 그린다.
                glColor4f(0.0f,0.0f,1.0f,1.0f);
                glTranslatef(m_xtrans, m_ytrans, m_ztrans);
```

```
                gluSphere(m_objQuad, m_radius, m_slices, m_stacks);
                glPopMatrix();
        }
}
```

\Examples\Chapter13\Mfcgl\MfcglView.cpp

OpenGL에서의 회전은 **glRotate()** 함수를 이용하여 수행한다. 이 함수의 특성은 다음과 같다.

```
glRotatef(m_fAngle, 1.0f, 0.0f, 0.0f);    // x축을 중심으로 회전
glRotatef(m_fAngle, 0.0f, 1.0f, 0.0f);    // y축을 중심으로 회전
glRotatef(m_fAngle, 0.0f, 0.0f, 1.0f);    // z축을 중심으로 회전
```

이 함수는 현재 행렬을 원점으로 점(x, y, z)을 향해 뻗어 가는 방향 벡터를 기준으로 현재 행렬을 회전 행렬과 곱하여 반시계 방향으로 회전하게 된다. angle(degree)은 회전시킬 각도를 나타내고 나머지 세 개의 인자는 벡터를 나타낸다. 각각의 벡터 인자에 값을 주면 그 좌표축을 중심으로 회전하게 된다.

OnDestroy() 함수에 다음의 코드를 추가한다.

```
void CMfcglView::OnDestroy()
{
        // Kill the timer
        KillTimer(101);

        // Clean up rendering context stuff
        wglDeleteContext(m_hRC);
        ::ReleaseDC(m_hWnd,m_hDC);

       gluDeleteQuadric(m_objQuad);    // 이차 곡면 객체를 삭제한다.
        KillTimer(1);                  // 타이머를 삭제한다.

        CView::OnDestroy();
}
```

\Examples\Chapter13\Mfcgl\MfcglView.cpp

Class Wizard를 이용하여 그림 13.2의 `CMfcglView` 클래스에 WM_TIMER 메시지의 핸들러인 `OnTimer()` 함수를 생성한다.

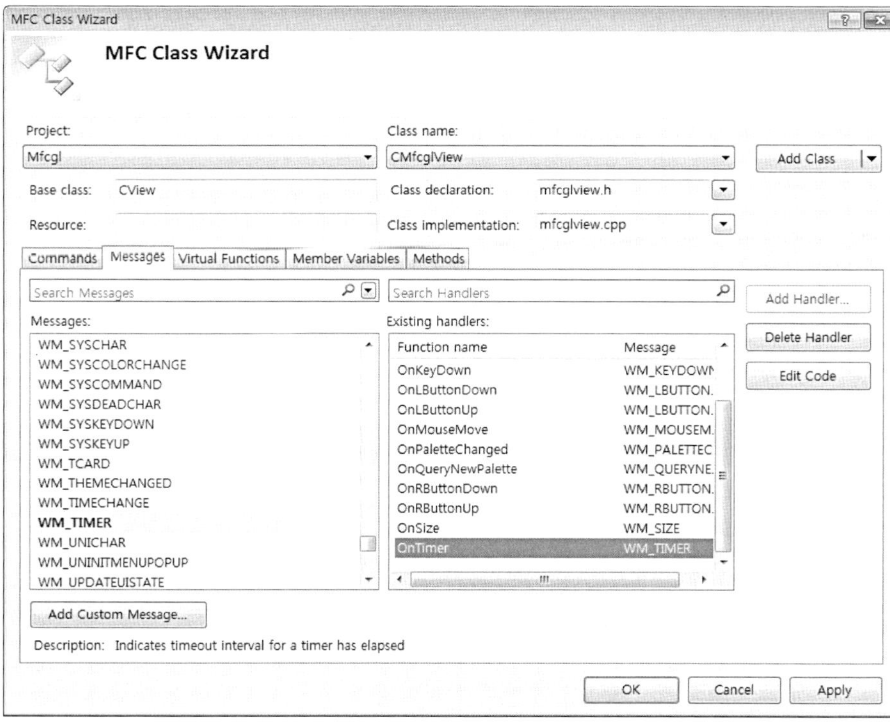

그림 13.2 WM_TIMER 메시지의 핸들러인 `OnTimer()` 함수 추가하기

`OnTimer()` 함수는 다음과 같이 구현한다.

```
void CMfcglView::OnTimer(UINT_PTR nIDEvent)
{
     // TODO: Add your message handler code here and/or call default
      if(nIDEvent == 1)       // 식별 번호가 1인 타이머일 경우
      {
            // 각도를 6도만큼 변경한다.
            // 0.2초마다 타이머가 실행되므로, 12초면 한바퀴를 돌게 된다.
            m_fAngle += 6.0f;
            // 360도보다 큰 값이 되면 값을 다시 조정한다.
            if(m_fAngle > 360.0f)
                    m_fAngle = 6.0f;
```

```
                // 화면을 다시 그린다.
                InvalidateRect(NULL);
        }

        CView::OnTimer(nIDEvent);
}
```

[Examples]\Chapter13\Mfcgl\MfcglView.cpp

(4) 실행하기

Sphere 버튼을 클릭하여 (Radius:20, Slices:60, Stacks:60)의 속성을 가진 구를 생성하고, 이 구의 초기 위치를 (70,0,0)에 위치하도록 설정한다.

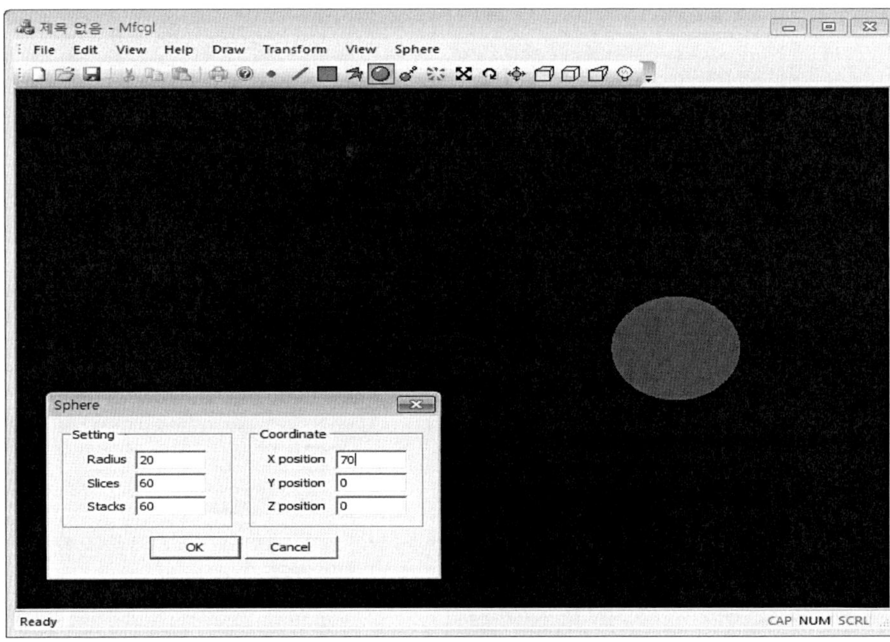

그림 13.3 초기 위치가 X축으로 70인 구 생성하기

Light 버튼을 눌러 그림 13.4를 참고하여 광원을 추가하고, Perspective projection 버튼을 눌러 원근 투영으로 설정한다.

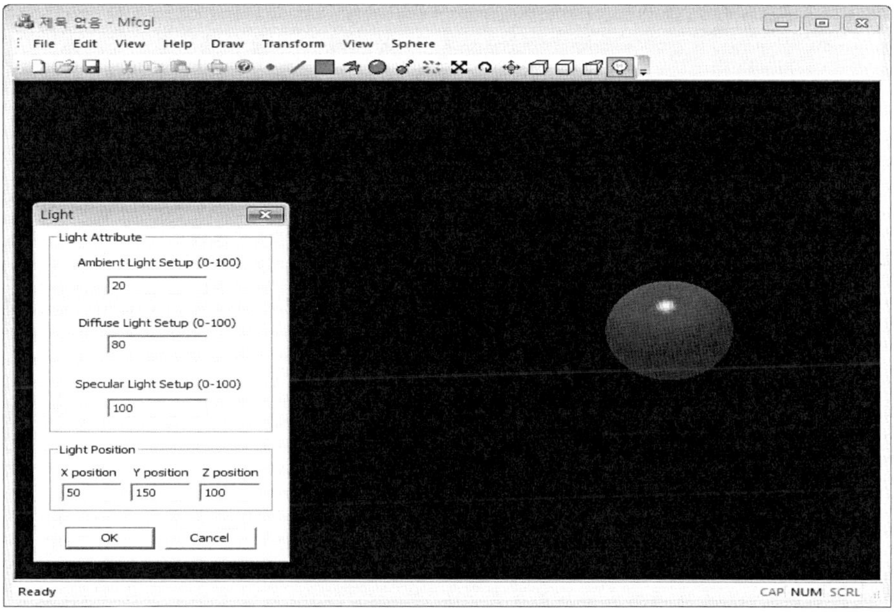

그림 13.4 구 애니메이션을 위한 광원 설정

Animation 버튼을 눌러 실행시키고 결과를 그림 13.5에서 살펴보자.

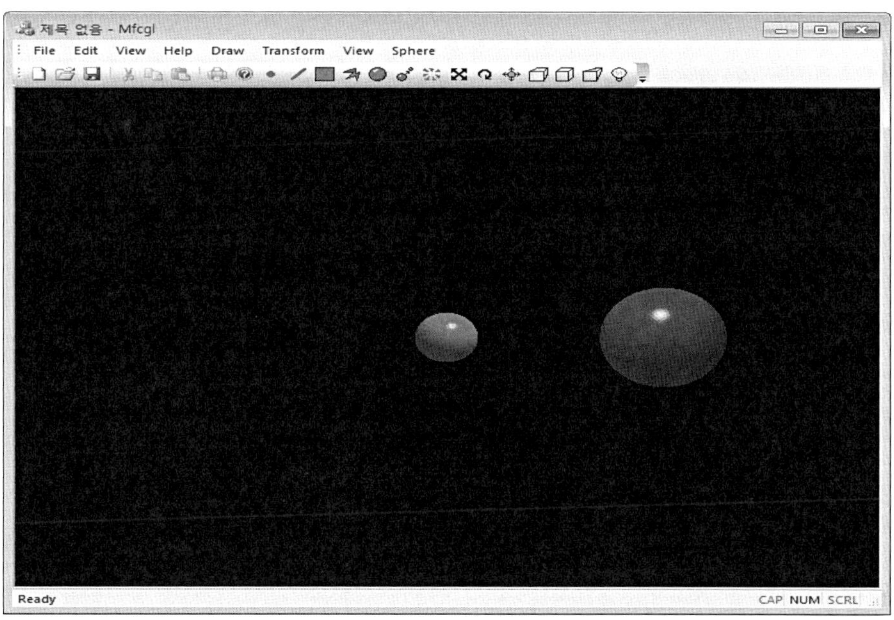

그림 13.5 애니메이션 수행 결과

정리하기

- 본 장에서 타이머를 이용하여, 시간의 흐름에 따른 회전각도의 변화를 구체에 적용시킴으로써 OpenGL 애니메이션을 구현하였다. 이를 응용하여 이동, 회전이 복합적으로 적용된 애니메이션을 구현해 보도록 하자.
- 애니메이션이 적용되는 객체의 개수를 증가시킴으로써, 더욱더 다양한 효과를 구현해 보자.

Chapter 14

베지어 곡선(Bézier curves) 그리기

학습목표

3D 그래픽스를 사용하는 대부분의 애플리케이션에서는 부드러운 곡선과 곡면을 나타낼 필요가 있다. 이 장에서는 베지어(Bézier)를 사용하여 곡선을 그려 보도록 하자.

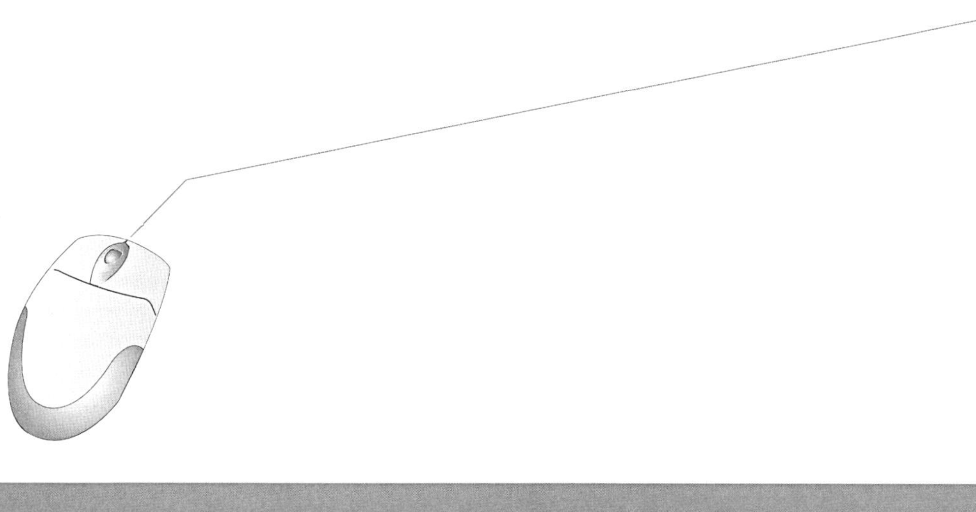

14.1 베지어 곡선 구현하기

(1) 메뉴 만들기

곡선(curve)은 시작점, 길이, 끝점을 가지고 있다. 이는 3D 공간 상에서 직선을 휘어 놓은 것에 불과하다. 반면 곡면(surface)의 경우 폭과 길이를 가지고 있어서 일정한 면적을 갖게 된다.

곡선은 형태를 결정하는 일련의 제어점(control point)으로 나타낸다. 베지어(bezier) 곡선의 경우 첫 번째와 마지막의 제어점이 실제 곡선을 구성하게 된다. 다른 제어점들은 핸들러(handler)라고 하며, 자석과 같이 곡선을 해당 제어점 방향으로 끌어당기게 된다.

그림 14.1에서 보는 것과 같이 시작점(P0)과 끝점(P3), 그리고 제어점(P1, P2)을 사용하여 곡선을 그린다. 이때 P1과 P2에서 곡선을 끌어당기므로, 양 끝점을 직선으로 연결하지 않고, 두 군데서 휘어지는 곡선이 생성된다.

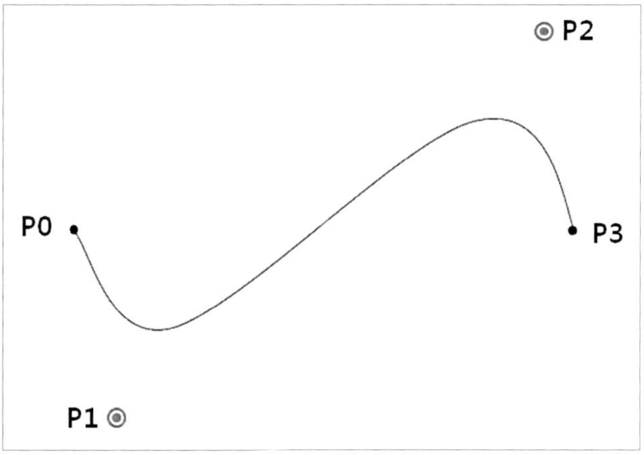

그림 14.1 베지어 곡선의 예

그림 14.2는 메뉴 바에서 Bézier 메뉴를 생성하고, 하위 메뉴로 Setup을 생성한 후 다음의 속성을 가지는 메뉴를 만든다. 그림 14.3과 같이 툴바에도 Bézier 곡선을 생성하는 버튼을 만들고 같은 ID를 부여한다.

```
ID: ID_BEZIER_SETUP
Caption: Bezier
```

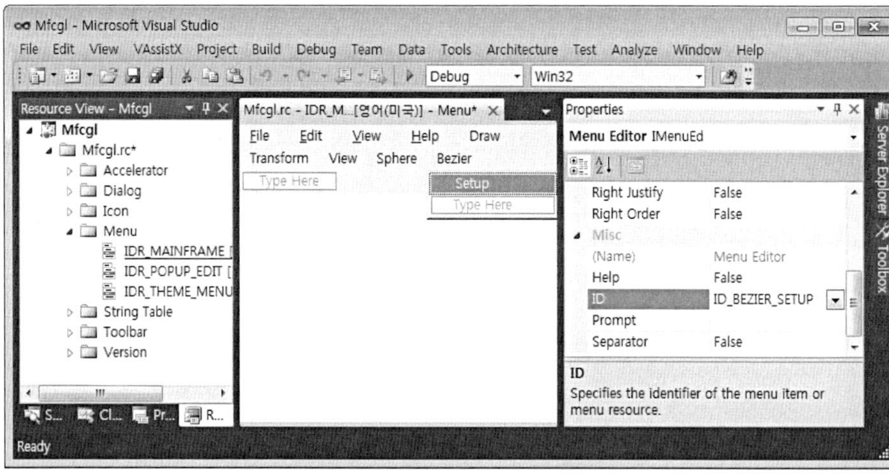

그림 14.2 베지어 곡선을 구현하기 위한 메뉴 생성하기

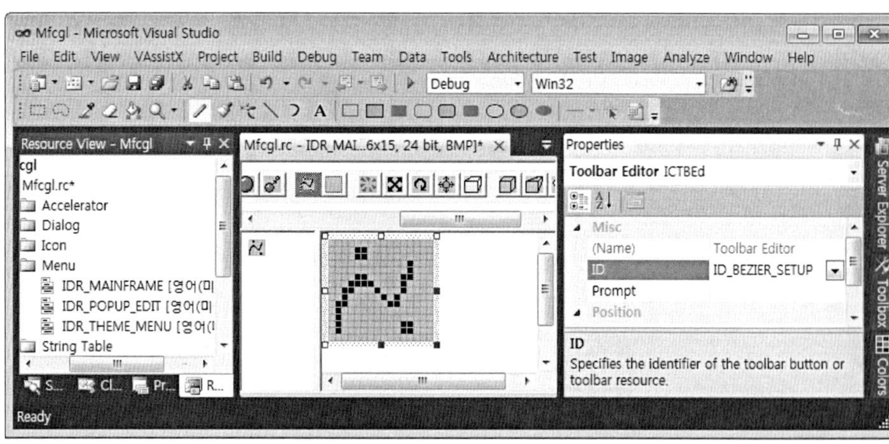

그림 14.3 베지어 곡선을 구현하기 위한 버튼 생성하기

(2) 변수의 선언과 초기화하기

CMfcglView 클래스에 다음의 멤버 변수를 선언한다.

```
GLint    nNumPoints;        // 곡선에 사용하는 제어점의 수 설정
UINT     m_NumOfBezier;     // Mouse Point를 받기 위한 변수
GLfloat m_LdPoint[Pmax][2];// 마우스 포인터를 배열로 저장
bool     b_Bezier;
```

[Examples]\Chapter14\Mfcgl\MfcglView.h

그리고 CMfcglView()로 이동하여 변수를 초기화하기 위해서 다음의 코드를 추가하자.

```
nNumPoints=4;
m_NumOfBezier=0;
bool b_Bezier=false;
```

[Examples]\Chapter14\Mfcgl\MfcglView.cpp

(3) 소스 코드 작성하기

그림 14.4의 Class Wizard에서 OnBezierSetup() 함수를 CMfcglView 클래스에 생성하고 다음의 코드를 추가한다.

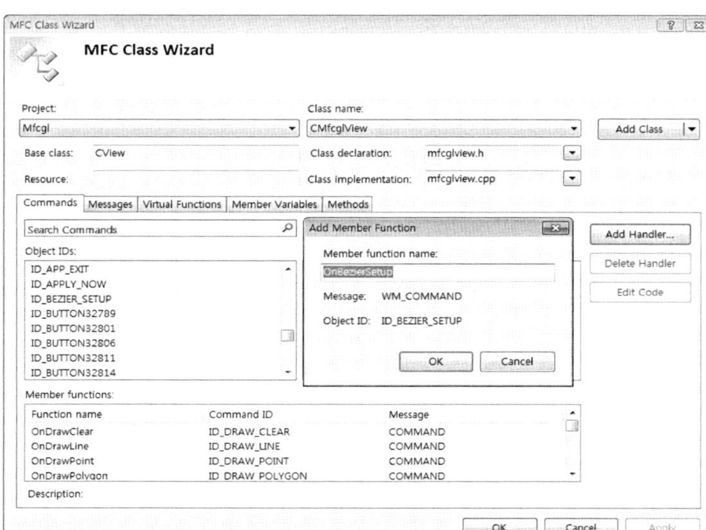

그림 14.4 MFC 클래스 마법사를 이용한 OnBezierSetup() 함수 추가하기

```
void CMfcglView::OnBezierSetup()
{
	// TODO: Add your command handler code here
	m_DrawType=6;
	b_Bezier=true;
	memset(m_LdPoint, 0, sizeof(GLfloat)*Pmax*2);
}
```

[Examples]\Chapter14\Mfcgl\MfcglView.cpp

그리고 OnLButtonDown()에 다음을 추가한다.

```
	// for Bezier
	if(m_NumOfBezier<Pmax && m_DrawType==6)
	{
		m_LdPoint[m_NumOfBezier][0]=x;
		m_LdPoint[m_NumOfBezier][1]=y;
		++m_NumOfBezier;
		Invalidate();
	}
```

[Examples]\Chapter14\Mfcgl\MfcglView.cpp

CMfcglView 클래스에 베지어 곡선을 그리는 역할을 담당하는 함수인 DrawBezier()를 그림 14.5를 이용하여 생성하고 다음과 같이 소스 코드를 작성한다.

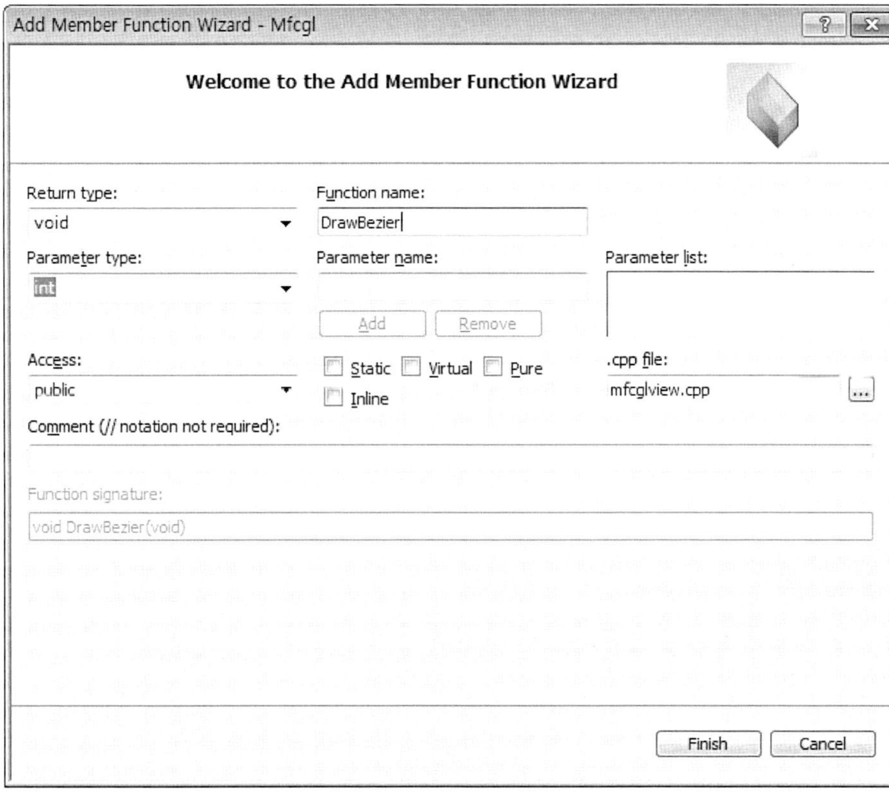

그림 14.5 DrawBezier() 함수 추가하기

```
void CMfcglView::DrawBezier(void)
{
        for(UINT j=0; j<m_NumOfBezier;j=j+4)
        {
    GLfloat ctrlPoints[4][3]={{m_LdPoint[j][0],m_LdPoint[j][1],0.0f},
                    {m_LdPoint[j+1][0], m_LdPoint[j+1][1],0.0f},
                    {m_LdPoint[j+2][0], m_LdPoint[j+2][1],0.0f},
                    {m_LdPoint[j+3][0], m_LdPoint[j+3][1],0.0f}};

            glMap1f(GL_MAP1_VERTEX_3,  // 데이터 형식
                    0.0f,              // 하한 u 범위
                    100.0f,            // 상한 u 범위
                    3,                 // 데이터 상의 두 점의 거리
                    nNumPoints,        // 컨트롤 점의 개수
```

```
                    &ctrlPoints[0][0]); // 컨트롤 포인트의 배열

            if(b_Bezier)
               // Enable the evaluator
               glEnable(GL_MAP1_VERTEX_3);
            else
               glDisable(GL_MAP1_VERTEX_3);

               // Use a line strip to "connect-the-dots"

            glBegin(GL_LINE_STRIP);
            for(int i =0; i <=100; i++)
                  // Evaluate the curve at this point
                  glEvalCoord1f((GLfloat) i);
            glEnd();
         }
}
```

[Examples]\Chapter14\Mfcgl\MfcglView.cpp

앞서 작성된 코드에서 사용된 `glMap1()` 함수의 일반적인 형식은 다음과 같다.

```
void glMap1f(GLenum target, GLfloat u1, GLfloat u2,
             GLint stride, GLint order, const GLfloat *points);

void glMap1d(GLenum target, GLdouble u1, GLdouble u2,
             GLint stride, GLint order, const GLdouble *points);
```

여기서 첫 번째 파라미터인 target은 베지어 다항식을 사용하여 계산하기를 원하는 객체의 형태를 말하는데, 예를 들면, `GL_MAP1_VERTEX_3`은 3차원 제어점들로 주어진다.

다음 두 개의 파라미터 `u1`, `u2`는 매개변수의 범위를 정의한다. 예를 들어 위의 예에서는 (0, 100) 사이의 곡선의 상한(upper bound), 하한(lower bound) 값을 지정한다. 하한 값은 곡선의 첫 번째 점을 나타내고, 상한 값은 곡선의 끝점을 나타낸다.

네 번째 파라미터 `stride`는 제어점들 사이의 거리를 나타낸다.

다섯째 파라미터 order는 하나의 베지어 곡선을 만들 때 사용할 점의 개수를 나타낸다.

마지막 파라미터 *points는 곡선을 정의하는 데 사용되는 제어점 데이터를 나타낸다.

```
void glEvalCoord1f(GLfloat u);
void glEvalCoord1d(GLdouble u);
void glEvalCoord2f(GLfloat u, GLfloat v);
void glEvalCoord2d(GLdouble u, GLdouble v);
```

glEvalCoord() 함수는 인자로 입력된 인덱스에 해당되는 제어점에 대한 곡선을 생성하는 기능을 수행한다. 이 함수는 내부적으로 glVertex() 함수를 호출하는데, 곡선을 그리는 코드에서 이 함수를 호출하여 정점들을 생성함으로써 간단한 라인스트립 형태의 곡선을 그릴 수 있다.

glEvalCoord()를 실제로 활용한 예는 아래와 같으며, 아래의 두 가지 코드는 같은 결과를 보인다.

```
glBegin(GL_LINE_STRIP);
for(int i =0; i <=100; i++)
      // Evaluate the curve at this point
      glEvalCoord1f((GLfloat) i);
glEnd();
```

```
glMapGrid1d(100,0.0,100.0);

// Evaluate the grid, using lines
glEvalMesh1(GL_LINE,0,100);
```

[Examples]\Chapter14\Mfcgl\MfcglView.cpp

CMfcglView 클래스에 그림 14.6과 같이 DrawPoints() 함수를 추가하고 다음과 같이 작성한다.

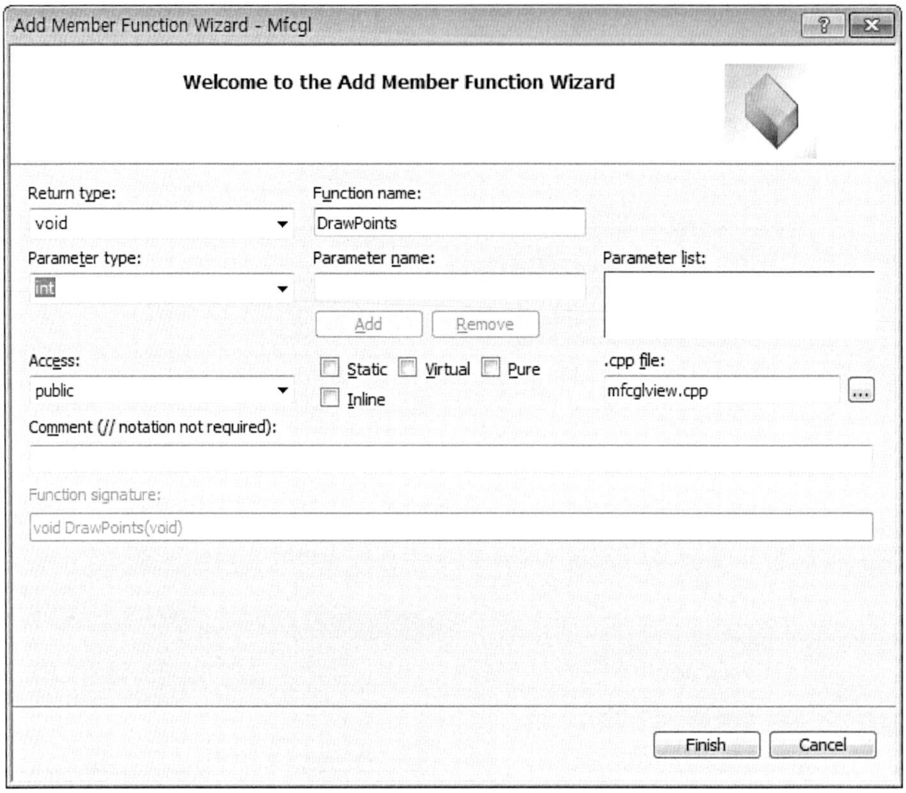

그림 14.6 DrawPoints() 함수 추가하기

```
void CMfcglView::DrawPoints(void)
{
        for(UINT j=0; j< m_NumOfBezier;j=j+4)
        {
    GLfloat ctrlPoints[4][3]={{m_LdPoint[j][0],m_LdPoint[j][1],0.0f},
                {m_LdPoint[j+1][0], m_LdPoint[j+1][1],0.0f},
                {m_LdPoint[j+2][0], m_LdPoint[j+2][1],0.0f},
                {m_LdPoint[j+3][0], m_LdPoint[j+3][1],0.0f}};

                // Set point size larger to make more visible
                glPointSize(5.0f);
            // Loop through all control points for this example
                glBegin(GL_POINTS);
                for(int i =0; i < nNumPoints; i++)
```

```
                        glVertex2fv(ctrlPoints[i]);
                glEnd();
        }
}
```

[Examples]\Chapter14\Mfcgl\MfcglView.cpp

GLRenderScene() 함수에 다음 코드를 추가하여 베지어 곡선을 그리도록 하자.

```
        // for Bezier
        DrawPoints();
        DrawBezier();
```

[Examples]\Chapter14\Mfcgl\MfcglView.cpp

마지막으로 OnDrawClear() 함수에 베지어 곡선에 대한 변수를 다시 초기화하기 위해서 다음 코드를 추가한다.

```
        b_Bezier=false;
        m_NumOfBezier=0;
```

[Examples]\Chapter14\Mfcgl\MfcglView.cpp

(4) 실행하기

곡선을 그리는 예를 살펴보기 위해 지금까지 작성했던 소스 코드를 실행하면 그림 14.7에서와 같이 임의의 점을 이용하여 베지어 곡선을 생성할 수 있다.

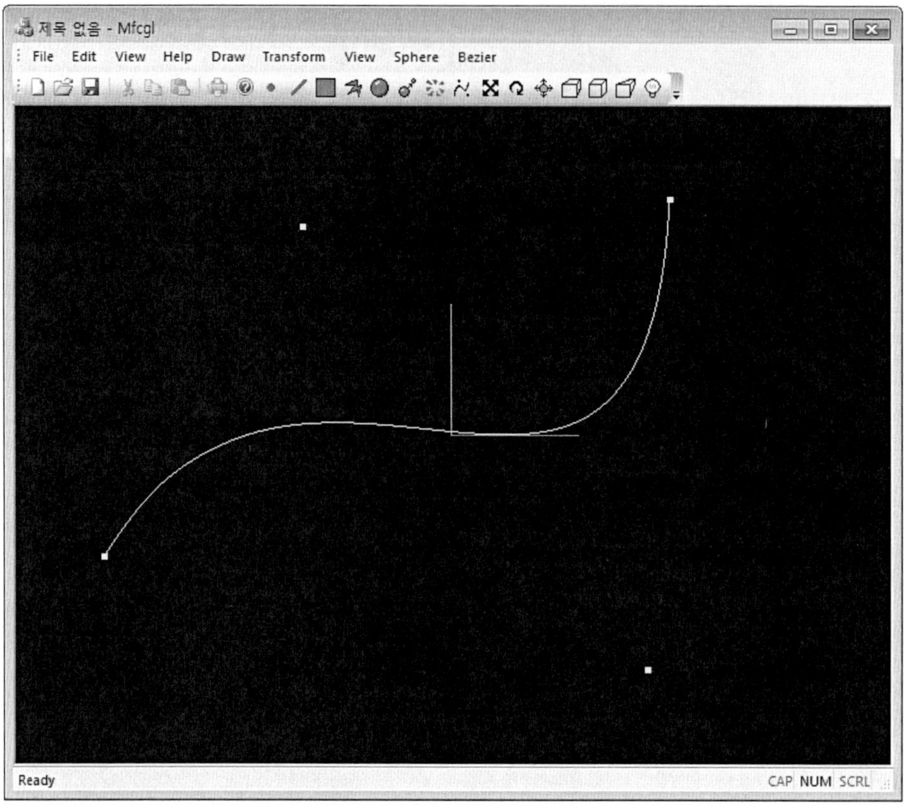

그림 14.7 베지어 곡선 생성결과

정리하기

- ○○○곡선은 시작점과 끝점을 기준으로, 핸들러(handler)라고 일컫는 추가적인 제어점을 이용하여 곡선을 구현하는 방법이다.
- `glMap1f()` 함수와 `glEvalCoord1f()` 함수를 이용하여 OpenGL에서 곡선에 그리기 위한 정점을 입력받고 그리는 과정은 다소 이해하기 까다로울 수 있는 부분이다. 본 장에서 제시된 설명뿐만 아니라 스스로 다양한 방법으로 실습해 보면서 체득함으로써 자연스럽게 이해할 수 있도록 하자.

Chapter 15

곡면 그리기

학습목표

앞장에서는 OpenGL에서 곡선을 생성하기 위해 베지어(Bézier curve) 곡선을 이용하였다. 이에 더하여 OpenGL에서는 3차 곡면의 설정을 위하여 넙스(NURBS, Non-Uniform Rational B-Spline) 함수를 사용하고 있다.

이 장에서는 넙스 함수를 이해하고 이의 활용법을 설명한다. 넙스는 형식상 정해지지 않은 함수의 곡선이라고 할 수 있으며, 다음과 같은 특징을 가진다.

- 제어점이 많아질수록 연속성이 어려워지는 문제점을 해결하기 위해 사용된다.
- 넙스 곡선은 선분으로 나뉘어져 있고, 선분은 가장 가까운 제어점 4개만 영향을 받는다.
- 각각의 제어점은 영향력을 조절할 수 있어서 같은 위치에 있는 제어점들이라도 영향력의 차이에 따라 곡선의 모양을 바꿀 수 있다.
- 제어점의 영향력은 노트(knot)를 사용하여 조절할 수 있다.

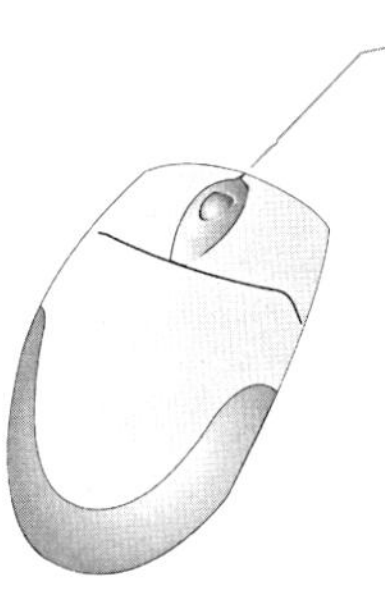

15.1 NURBS 곡선 구현하기

(1) 메뉴 만들기

메뉴 바에 NURBS 곡선을 그리는 메뉴를 추가한다. 툴바에도 적당한 버튼을 만들고 같은 ID를 가지는 Nurbs 버튼을 생성하자. 그림 15.1과 15.2는 각각 넙스 함수를 실행하기 위한 메뉴와 버튼을 보여준 화면이다.

```
ID: ID_NURBS_SETUP
Caption: Nurbs
```

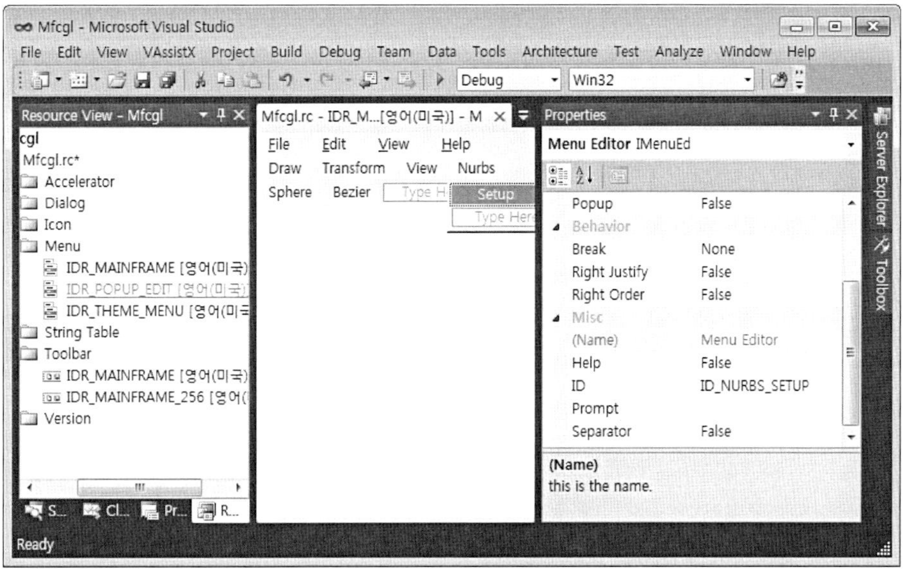

그림 15.1 넙스를 위한 메뉴 생성하기

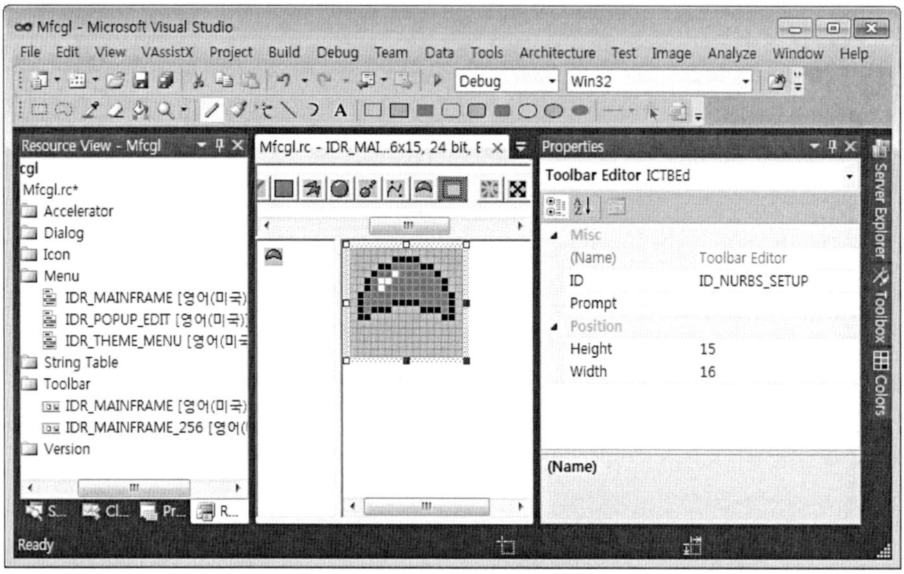

그림 15.2 넙스를 위한 버튼 생성하기

(2) 변수 선언과 초기화하기

CMfcglView 클래스에 다음의 멤버 변수를 추가한다.

```
bool b_nurbs;
GLUnurbsObj *m_objNurbs;
```

[Examples]\Chapter15\Mfcgl\MfcglView.cpp

새로 선언한 변수를 초기화하기 위해서 CMfcglView()와 OnDrawClear() 함수에 각각 다음을 추가한다.

```
b_nurbs=false;
```

[Examples]\Chapter15\Mfcgl\MfcglView.cpp

(3) 소스 코드 작성하기

CMfcglView() 생성자에서 넙스 곡면을 그릴 객체를 생성하고, ~CMfcglView() 소멸자에서 객체를 소멸시키기 위한 코드를 작성한다.

```
CMfcglView::CMfcglView()
 |
{
 |
        m_objNurbs =gluNewNurbsRenderer();  // 객체생성
}

CMfcglView::~CMfcglView()
{
 |
        gluDeleteNurbsRenderer(m_objNurbs); // 객체소멸
}
```

[Examples]\Chapter15\Mfcgl\MfcglView.cpp

Class Wizard를 이용하여 그림 15.3에서 CMfcglView 클래스에 OnNurbsSetup() 함수를 추가하고 다음과 같이 작성한다.

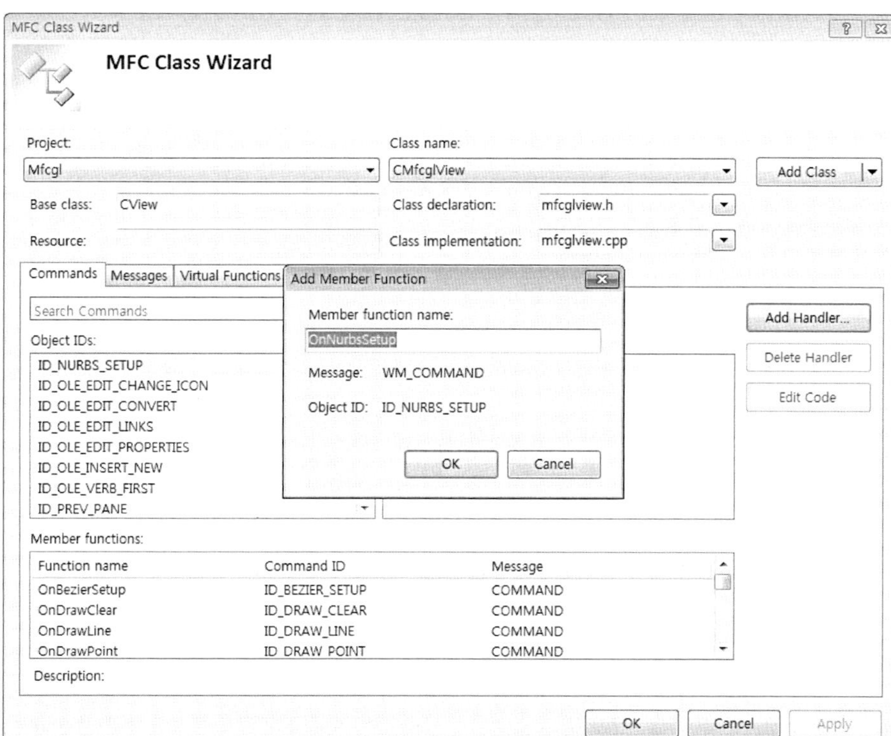

그림 15.3 OnNurbsSetup() 함수 추가하기

```
void CMfcglView::OnNurbsSetup()
{
        // TODO: Add your command handler code here
        b_nurbs =true;
        Invalidate();
}
```

[Examples]\Chapter15\Mfcgl\MfcglView.cpp

Class View에서 CMfcglView 클래스의 멤버 함수로 Nurbs()를 생성한다. 넙스 함수를 다음과 같이 작성한다.

```
void CMfcglView::Nurbs(void)
{
  if(b_nurbs)
  {
  // sampling tolerance를 설정한다.
  gluNurbsProperty(m_objNurbs, GLU_SAMPLING_TOLERANCE,25.0f);
  // 렌더링 모드를 설정한다.
  gluNurbsProperty(m_objNurbs, GLU_DISPLAY_MODE,(GLfloat)GL_FILL);
  // 조명 효과를 위해 normal 계산을 수행하도록 한다.
  glEnable(GL_AUTO_NORMAL);
  // 제어점을 정의한다.
  GLfloat ctrlPoints[4][4][3]={
              {{-30.0f,-30.0f,0.0f},{-30.0f,-10.0f,0.0f},
               {-30.0f, 10.0f,0.0f},{-30.0f, 30.0f,0.0f} },
              {{-10.0f,-30.0f,0.0f},{-10.0f,-10.0f,40.0f},
              {-10.0f,10.0f,40.0f},{-10.0f, 30.0f,0.0f} },
              {{ 10.0f,-30.0f,0.0f},{ 10.0f,-10.0f,40.0f},
               { 10.0f,10.0f,40.0f},{ 10.0f, 30.0f,0.0f} },
              {{ 30.0f,-30.0f,0.0f},{ 30.0f,-10.0f,0.0f},
               { 30.0f, 10.0f,0.0f},{ 30.0f, 30.0f,0.0f}}};
  // knot를 정의한다.
  GLfloat Knots[8]={0.0f,0.0f,0.0f,0.0f,1.0f,1.0f,1.0f,1.0f};
  glColor3ub(0,0,220);
```

```
    glClear(GL_COLOR_BUFFER_BIT | GL_DEPTH_BUFFER_BIT);
    glMatrixMode(GL_MODELVIEW);

    glPushMatrix();
    glRotatef(330.0f,1.0f,0.0f,0.0f);
    // NURBS 곡면을 그린다.
    gluBeginSurface(m_objNurbs);
    gluNurbsSurface(m_objNurbs,8, Knots,8, Knots,4*3,3,
                    &ctrlPoints[0][0][0],4,4, GL_MAP2_VERTEX_3);
    gluEndSurface(m_objNurbs);
    glPointSize(5.0f);
    glColor3ub(255,0,0);

    // 제어점을 화면에 그린다.
    glBegin(GL_POINTS);
    for(int i =0; i <4; i++)
        for(int j =0; j <4; j++)
            glVertex3fv(ctrlPoints[i][j]);
    glEnd();
    glPopMatrix();
    glFlush();
    }
}
```

[Examples]\Chapter15\Mfcgl\MfcglView.cpp

속성을 설정하기 위해서는 아래와 같이 곡면 메시(mesh)와 와이어프레임, 채운 도형으로 렌더링할 것인지 결정한다.

- gluNurbsProperty(m_objNurbs, GLU_SAMPLING_TOLERANCE, value)
  GLU_SAMPLING_TOLERANCE: 곡면 메시를 얼마나 조밀하게 설정할지를 결정
- gluNurbsProperty(m_objNurbs, GLU_DISPLAY_MODE, value)
  GLU_DISPLAY_MODE: 와이어프레임(GLU_OUTLINE_POLYGON)으로 렌더링할 것인지 또는 내부를 채운 도형(GL_FILL)으로 렌더링할 것인지를 결정

위와 같은 속성 설정이 끝나면 다음과 같이 곡면을 그린다.

```
void gluNurbsSurface( GLUnurbs*          nurb,
                      GLint              sKnotCount,
                      GLfloat*           sKnots,
                      GLint              tKnotCount,
                      GLfloat*           tKnots,
                      GLint              sStride,
                      GLint              tStride,
                      GLfloat*           control,
                      GLint              sOrder,
                      GLint              tOrder,
                      GLenum             type);
```

- `GLint sKnotCount, GLfloat* sKnots`
  각각 매개변수 s에 대한 knot의 개수 및 knot 배열
- `GLint tKnotCount, GLfloat* tKnots`
  각각 매개변수 t에 대한 knot의 개수 및 knot 배열
- `GLint sStride, GLint tStride`
  각각 매개변수 s, t에 대한 제어점 사이의 거리
- `GLfloat* control`
  제어점 배열을 가리키는 포인터
- `GLint sOrder, GLint tOrder`
  각각 매개변수 s, t의 차수
- `GLenum type`
  곡면의 종류로 GL_MAP2_VERTEX_3를 사용

이제 RenderScene()에서 Nurbs()함수를 호출하도록 하자.

(4) 실행하기

넙스 버튼을 클릭하여 임의의 곡면을 생성해 보고, 생성된 곡면이 그림 15.4와 유사한 효과를 보여주는지 확인해 보자.

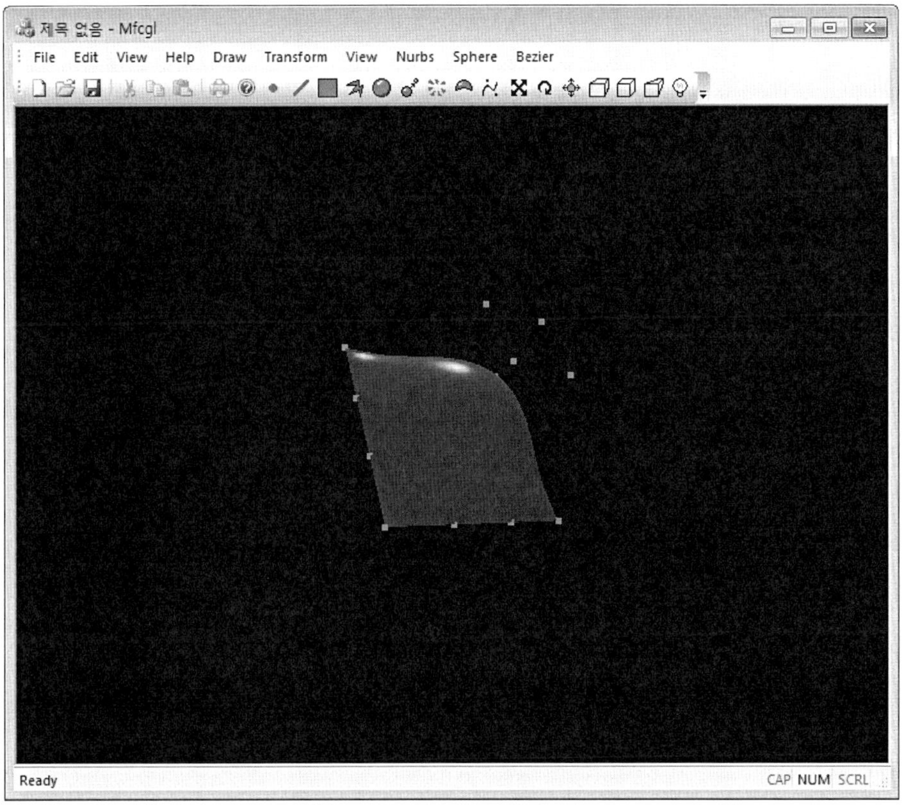

그림 15.4 넙스 곡면의 생성결과

Light 버튼을 클릭하여 조명 효과를 적용하고 변화를 관찰하자.

정리하기

- ○○모델은 3차원 곡면을 생성하는데 사용되는 방법으로서 제어점의 영향력을 조절함으로써 자연스러운 3차원 곡면을 생성하는 방법이다. 제어점의 영향력은 ○○를 사용하여 조절할 수 있다.
- 본 장에서 제시한 `Nurbs()` 함수의 제어점뿐만 아니라 사용자가 제어점을 편집할 수 있도록 프로그램을 변경해 더욱더 다양한 곡면모델을 생성해 보자.

찾아보기

[I]

[L]

[M]

[N]

[O]

본 도서의 부록 CD는 도서출판 홍릉 홈페이지(www.hongpub.co.kr)에서 해당 도서검색 후 보조자료 다운으로 내려 받을 수 있습니다(chrome 권장)

[저자 약력]

김재준 (金在俊)

2000년 12월 : Iowa State University. 전기공학과(공학 박사)

2001년 1월 ~ 2002년 8월 : 한국전자통신연구원 이동통신/방송미디어부 선임연구원

2002년 9월 ~ 현재 : 대구대학교 정보통신공학부 교수

〈관심분야〉 : 영상처리, 비파괴공학, MPEG-21, 패턴인식

이석준 (李錫俊)

2012년 2월 : 경북대학교. 컴퓨터공학과(공학 박사)

2011년 7월 ~ 현재 : ㈜ 바람정보기술 이사

2012년 3월 ~ 현재 : 경북대학교 소프트웨어기술연구소 연구원

〈관심분야〉 : 컴퓨터비전, 컴퓨터그래픽스, 가상현실/증강현실, HCI

정가 14,000원

MFC와 OpenGL을 함께 배우는 **컴퓨터그래픽스 기초실습**

2012년 9월 1일 초판 인쇄
2012년 9월 10일 초판 발행

저 자 : 김 재 준 · 이 석 준
발행자 : 우 명 찬 · 송 준
발행처 : 홍릉과학출판사
주 소 : ㊄ 142-885 서울시 강북구 인수동 455-60
등 록 : 1976년 10월 21일 제5-66호
전 화 : 999-2274~5, 996-8341, 903-7037
팩 스 : 905-6729
ISBN : 978-89-97570-40-9

hongpub@hongpub.co.kr
www.hongpub.co.kr

저자와의 협의하에 인지생략